Erste Hilfe Airbrush

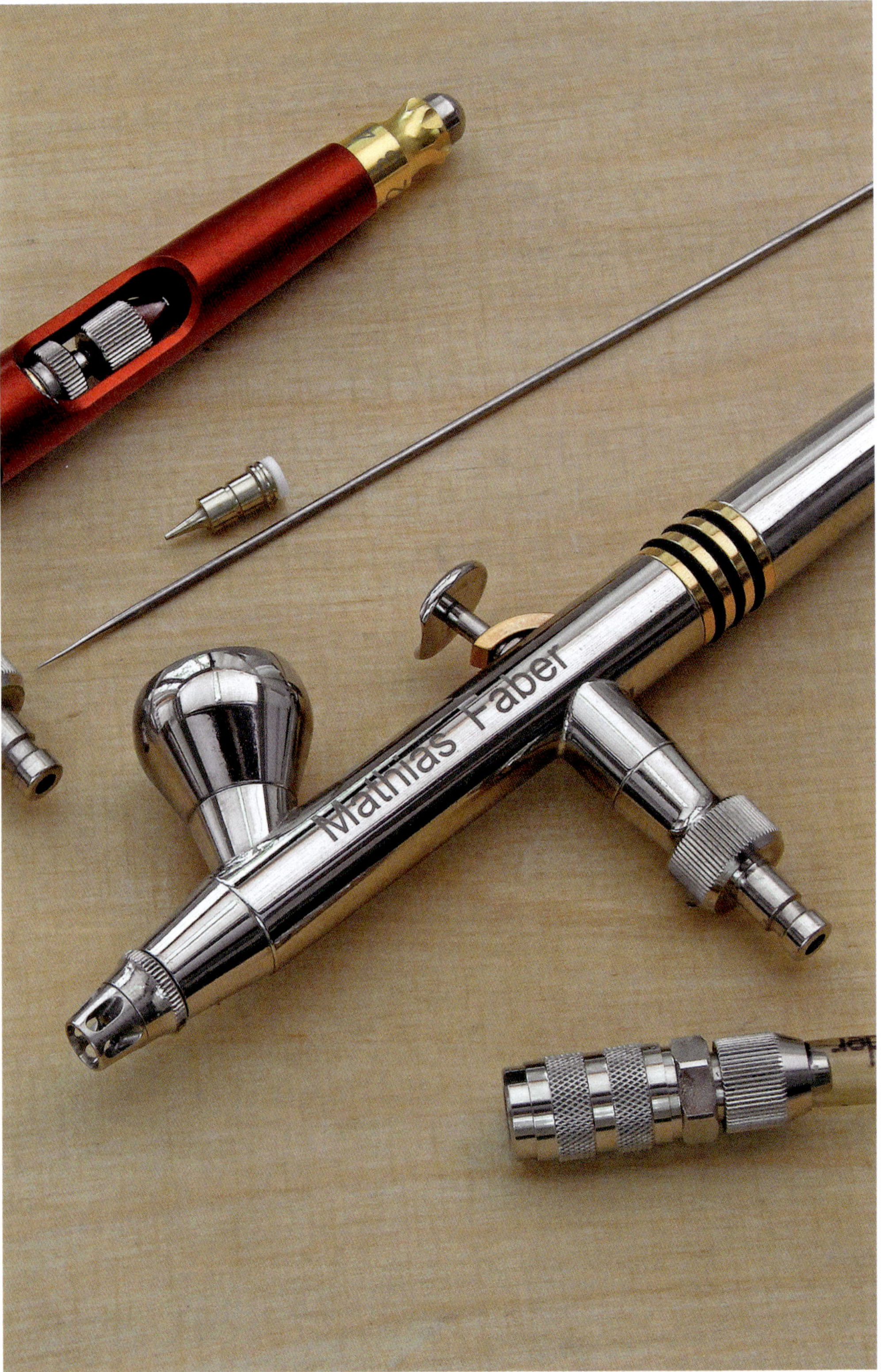
Mathias Faber

Mathias Faber

Geräte, Farben, Farbaufträge

Impressum

Verantwortlich: Lothar Reiserer
Fachlektorat: Kai Feindt
Schlusskorrektur: Ute Thomsen
Layout: alpha & bet VERLAGSSERVICE, München
Repro: Cromika, Verona
Herstellung: Anna Katavic
Printed in Slovenia by Florjancic

Sind Sie mit diesem Titel zufrieden? Dann würden wir uns über Ihre Weiterempfehlung freuen.
Erzählen Sie es im Freundeskreis, berichten Sie Ihrem Buchhändler, oder bewerten Sie das Werk online.
Und wenn Sie Kritik, Korrekturen oder Aktualisierungen haben, freuen wir uns über Ihre Nachricht an den GeraMond Media, Postfach 40 02 09, D-80702 München oder per E-Mail an lektorat@verlagshaus.de.

Unser komplettes Programm finden Sie unter

Die Deutsche Nationalbibliothek verzeichnet diese Publikation in der Deutschen Nationalbibliografie; detaillierte bibliografische Daten sind im Internet über http://dnb.d-nb.de abrufbar.

Infanteriestraße 11a, 80797 München
ISBN 978-3-86245-027-5

Gebrauchsanleitung für dieses Buch

„Erste Hilfe" steht für das, was nötig ist, wenn etwas gründlich schief zu gehen droht, schon schief gegangen oder schlimmstenfalls bereits ein Schaden entstanden ist.

Was tun, wenn…? Dazu will dieses Buch Auskunft geben und schafft die notwendige Sicherheit bei der Ursachenermittlung wie bei der Schadensbehebung. Größere und kleine „Katastrophen" im Umgang mit dem Airbrush und Farben werden dafür beschrieben und sichere Lösungswege aufgezeigt. Das Erkennen möglicher Fehlerquellen hilft, Ursachen zu finden und sicherzustellen, dass die Farbspritzanlage einwandfrei und im Sinne des Anwenders funktioniert.

Schlussendlich muss nicht einmal etwas misslungen sein, um den Wunsch nach einer Unterstützung in Form einer Einstiegshilfe aufkommen zu lassen. Die Klärung der Frage, was ich brauche und wie ich damit richtig umgehe, um Schwierigkeiten zu vermeiden, ist schließlich die Grundlage für überzeugende Ergebnisse.

Dieses Handbuch lässt sich entsprechend dem eigenen Erfahrungs- und Wissensstand auf ganz unterschiedliche Weise lesen. Wer mit dem Airbrush bereits erste Versuche unternommen hat oder schon erfolgreich war, und das eigene Wissen überprüfen, auffrischen und ergänzen möchte, folgt dem roten Faden dieses Buches.

Dient dieses Buch als Einstieg in das Thema Airbrush, ist es sinnvoll, mit den Kapiteln **Hintergrundwissen Geräte** und **Hintergrundwissen Farbe** zu beginnen, um dann in die vorangestellten Kapitel eintauchen zu können.

Wer sich mit dem Hintergrundwissen zum Airbrush schon vertraut gemacht hat und sichergehen will, beim Kauf einer Airbrush-Ausrüstung keine Fehlentscheidung zu treffen, findet entsprechende Ratschläge in den Kapiteln **Die Luftquelle** und **Auswahlkriterien**.

Wie sich konkrete Probleme beim Arbeiten darstellen können und beheben lassen, zeigen die Kapitel **Fehlerquellen und Reparatur** und **Funktionsstörungen durch Farbe**.

Viele äußerst hilfreiche Aha-Erlebnisse auf der Grundlage dieser Lektüre wünscht

Mathias Faber

Inhalt

HARDER & STEENBECK GRAFO – Steckdüse 0,15 mm – Fließsystem – Becher 1 ml – gekoppelte Doppelfunktion (fixed double-action) des Bedienhebels

HARDER & STEENBECK EVOLUTION – Steckdüse 0,2 mm (0,4 mm) – Fließsystem – Becher 5 ml (2 ml) – unabhängige Doppelfunktion (independent double-action) des Bedienhebels

REVELL (BADGER) STUDENT – Schraubdüse 0,52 mm (0,26 mm / 0,77 mm) – Saugsystem – Becher 22 ml – einfache Hebelfunktion (single-action) des Bedienhebels

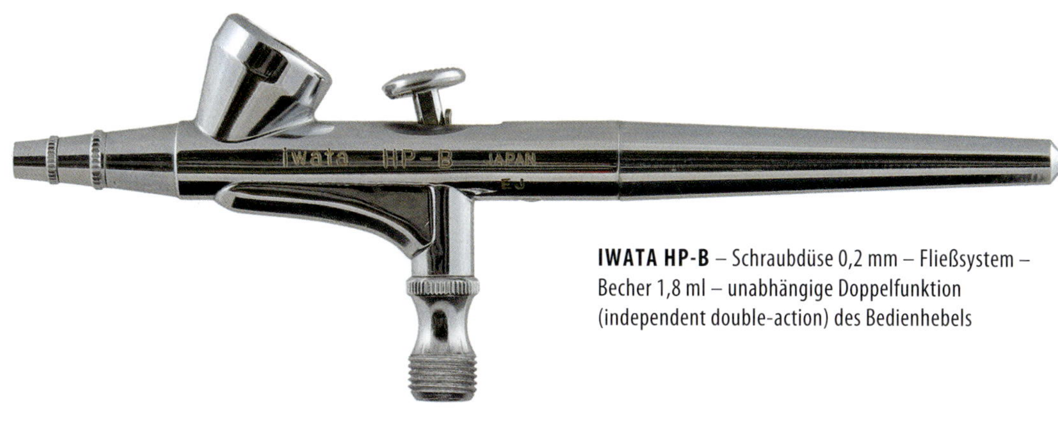

IWATA HP-B – Schraubdüse 0,2 mm – Fließsystem – Becher 1,8 ml – unabhängige Doppelfunktion (independent double-action) des Bedienhebels

BADGER No. 150 – Schraubdüse 0,26 mm (0,52 mm / 0,77 mm) – Saugsystem – Becher 7 ml (22 ml) – unabhängige Doppelfunktion (independent double-action) des Bedienhebels

KAPITEL 1
GERÄTE

Diese fünf Spritzapparate, hier annähernd in Originalgröße abgebildet, stehen beispielhaft für einzelne Gerätegruppen, die sich abhängig von technischen Details wie der Düsengröße, dem Düsentyp, der Art der Farbzuführung, der Größe des Farbbehälters oder der Hebelfunktion zusammenstellen lassen. Für die jetzt folgenden Funktionstests und Spritzproben ist es unerheblich, wie der in Betrieb zu nehmende Airbrush technisch aufgebaut ist – Unterschiede dürfen sich nur in der Bedienung und in der Feinheit der Testlinien manifestieren. Auch die Dinge, um die es in den Abschnitten zur Wartung und Pflege der Geräte sowie zu den Fehlerquellen und Reparaturen geht, betreffen letztlich alle Airbrush-Varianten, wie sich zeigen wird.

Wie alles beginnt Funktionstests und Spritzproben

1.1-01 und 1.1-02 Optimal für eine erste Funktionsprüfung ist Leitungswasser. Eine solch schnelle Funktionsprüfung ist immer dann ratsam, wenn der Airbrush längere Zeit nicht in Gebrauch war oder zum Reinigen in Teilen zerlegt wurde. Wird Wasser mit einem Airbrush vor einem dunklen Hintergrund versprüht, lässt sich – von der Seite her gesehen – leicht erkennen, ob ein sachgerechtes Spritzbild entsteht. Sollte es mögliche Undichtigkeiten innerhalb des Gerätes geben, so wird Wasser keinen allzu großen Schaden anrichten. Schlimmstenfalls wird eben das eine oder andere am Arbeitsplatz nass, wenn die Druckluft in den Farbbehälter gelangt und diesen „schlagartig" entleert.

Im Gegensatz zu Künstler- und Modellbaufarben (enthalten Pigmente / Extender / Additive) finden sich im sauberen Wasser keinerlei nennenswerte Feststoffe. Lässt sich Wasser nicht einwandfrei versprühen, ist der geprüfte Airbrush definitiv nicht in Ordnung. Doch nicht alle Unregelmäßigkeiten lassen sich nur mit dem Versprühen von Wasser erkennen.

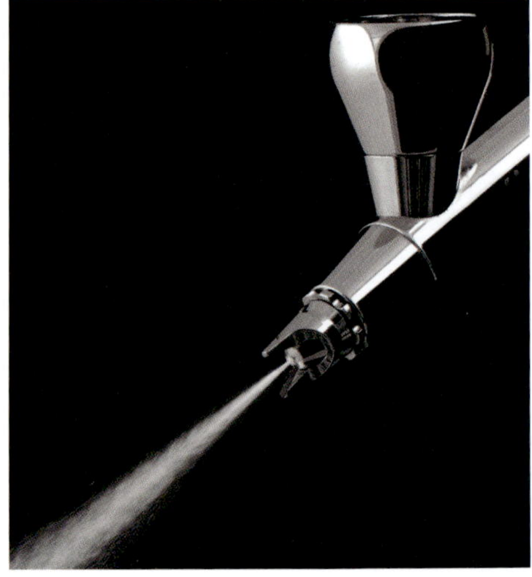

1.1-03 Ein gutes Testmedium ist Tinte. Diese Feststellung gilt natürlich erst von dem Moment an, in dem sichergestellt ist, dass die Druckluft nicht zurückschlagen kann. Mit „Tinte" sind Farbstofflösungen und die im Schreibwarenhandel erhältlichen Tinten gemeint, wie wir sie beispielsweise vom Füllfederhalter kennen. Tinten lösen, soweit sie nicht verunreinigt sind, keinerlei Funktionsstörungen am Airbrush aus. Alle Mängel, die sich beim Spritzen von Tinte zeigen, lassen sich also eindeutig auf das Gerät und seinen Zustand zurückführen.

Zu einer Verunreinigung von Testmedien und Farben kann es unter anderem beim Befüllen des Airbrushs kommen, wenn dafür ein Pinsel benutzt wird. Staub, feinste Farbreste und Härchen verbergen sich in den Pinselhaaren und gelangen unbemerkt mit dem Testmedium oder der Farbe in den Airbrush. Bessere Dienste leisten Pipetten oder Farb- und Mischflaschen mit Tropfvorrichtungen, die einfacher sauber zu halten sind.

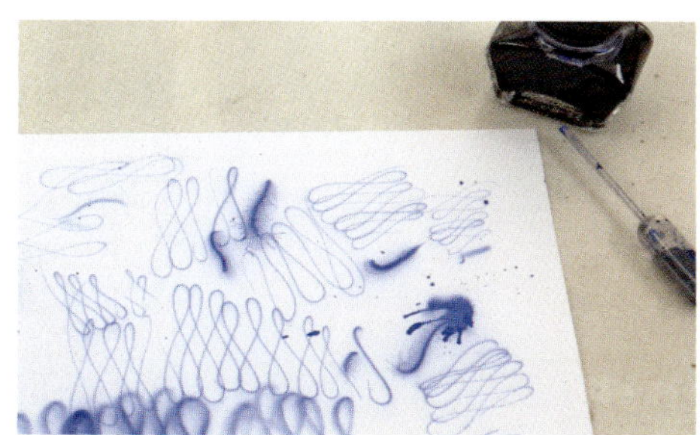

1.1-04 Zum Testen wird der Airbrush rechtwinklig zum Spritzgrund gehalten. Nur so weist ein auftreffender Sprühstrahl eine gleichmäßige Dichte auf, vorausgesetzt, der Airbrush ist in Ordnung. Der Sprühstrahl eines Airbrushs hat idealerweise eine Kegelform, zumindest in dem für einen Farbauftrag geeigneten Abstand zum Spritzgrund. Bleibt die freigegebene Farbmenge beim Spritzen konstant, während der Abstand zum Spritzgrund variiert, so entstehen Farbaufträge von unterschiedlicher Intensität.

Je geringer der Abstand des Spritzapparats vom Testbogen ist, desto schärfer und feiner zeichnet sich der Farbauftrag ab. Ein Airbrush sollte für Spritzproben also möglichst direkt über dem Testbogen ausprobiert werden. Unregelmäßigkeiten im Spritzbild lassen sich so schnell und sicher erkennen.

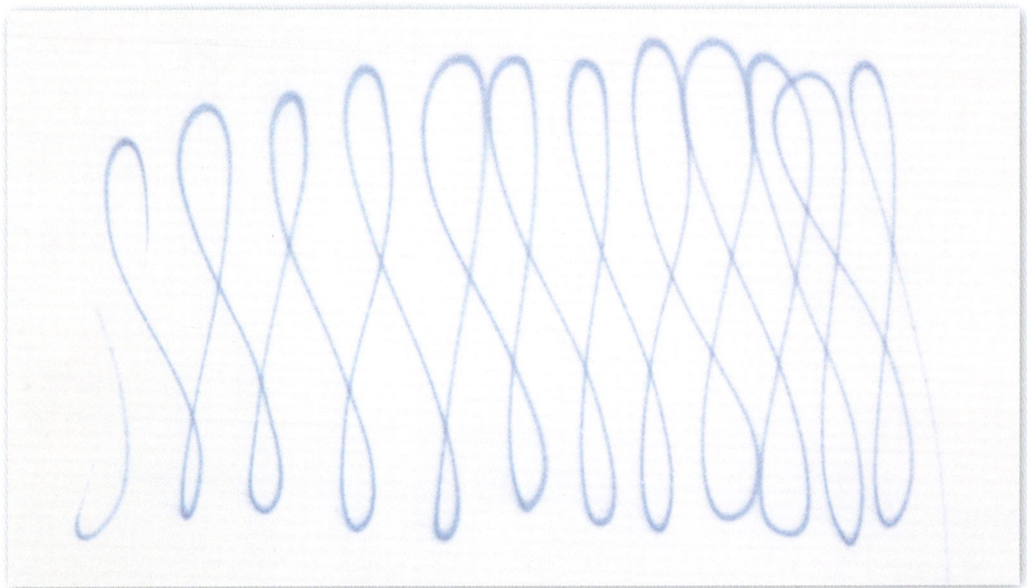

1.1-05 Geprüft wird ein Double-Action-Airbrush. Jede Inbetriebnahme eines Airbrushs sollte mit einer schnellen Funktionsprüfung beginnen. Das Testmedium ist blaue Tinte. Getestet wird ein Airbrush mit einer unabhängigen Doppelfunktion des Bedienungshebels. Die Testlinie beginnt mit Unterbrechungen, bis der Zeigefinger die richtige Hebelstellung für die gewünschte Linie gefunden hat. Diese Linie lässt sich dann sauber und ohne Aussetzer fortführen – der Airbrush arbeitet einwandfrei.

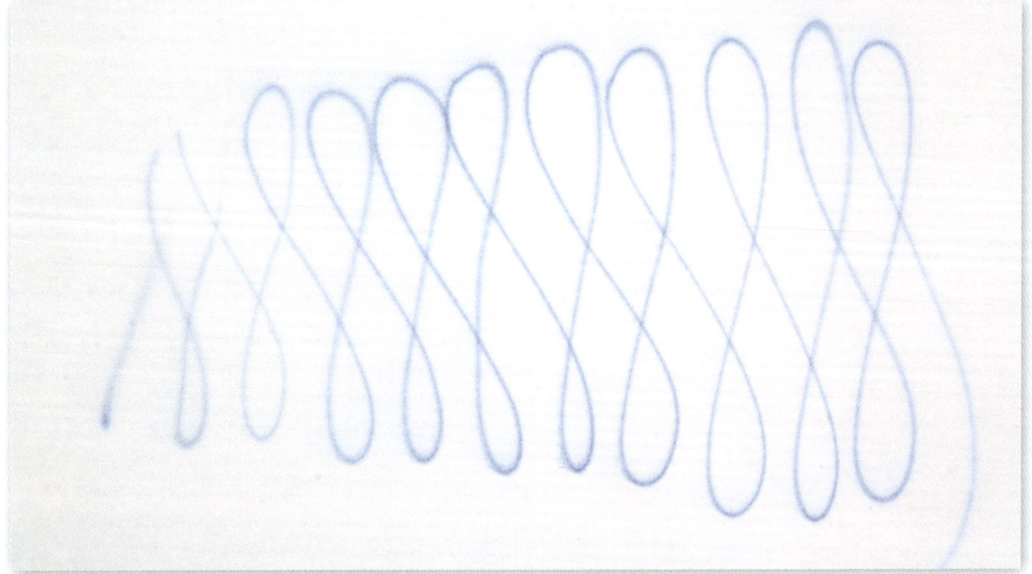

1.1.-06 Nicht jeder startet den Spritztest aus der Bewegung. Automatisch schaut mancher erst einmal, ob der Airbrush überhaupt einen Farbauftrag auf dem Testbogen erzeugt, bevor er mit der Bewegung zum Ziehen einer Testlinie beginnt. Den Beginn der Testlinie bildet also ein „weggezogener" Punkt. Anschließende Unterbrechungen im Strich sind der Nachregulierung mit dem Bedienungshebel geschuldet. Danach „läuft" die Linie einwandfrei – auch hier ist der Airbrush in Ordnung.

1.1-07 Mit pigmentierter Farbe soll die Spritzprobe gleich gut sein. Das Finden der richtigen Hebelstellung verlangt jedoch aufgrund der Farbeigenschaften ein wenig mehr Fingerspitzengefühl im Vergleich zu Tinten. Deutliche Unterbrechungen oder ein Zuviel an Farbe bilden somit den Anfang der Testlinie, wobei es egal ist, ob es sich um Öl- oder Acrylfarben handelt.

Die Spritzprobe aus der Bewegung heraus zeigt schließlich eine brauchbar homogene Linie und damit, dass der Airbrush und die Farbe in einwandfreiem Zustand sind. Die feinen, seitlich weggetriebenen Tropfen am Ende der Testlinie entstanden durch eine im Moment zu weit zurückgezogene Nadel und nicht durch einen Mangel am Airbrush.

1.1-08 Auch die Art der Farbzuführung spielt eine Rolle. Bei einem Airbrush, bei dem die Farbe nicht von oben bis in die Farbdüse fließt (Fließsystem), sondern erst durch die freigegebene Luft angesaugt werden muss (Saugsystem), wird die Farbe mit leichter Verzögerung versprüht. Durch diese Verzögerung ist die Nadel oft schon zu weit zurückgezogen, wenn die Farbe vom Luftstrom aufgenommen wird – das „erschrockene" Nachregulieren durch den Anwender führt dann schnell zu einer Unterbrechung der Farbzufuhr. Sobald die passende Hebelposition gefunden ist, zeugt der Farbauftrag auch hier von einem gut funktionierenden Airbrush.

Damit es weitergeht Wartung und Pflege

A c h t u n g! Düse und Nadel nicht beschädigen. Die Nadel ist bei Lieferung um etwa 6 - 8 mm zurückgezogen. Diese Stellung muss immer eingehalten werden, wenn man mit dem Apparat nicht arbeitet sowie bei der Reinigung des Gerätes nach dem Spritzen. Schutzkappe und Luftdüse dürfen nur bei zurückgezogener Nadel abgeschraubt werden, da sonst die Nadel unweigerlich verbogen wird und der Apparat kann nicht mehr einwandfrei arbeiten. Bei Aufnahme der Arbeit ist die Stellschraube des Nadelreiters zu lösen, die Nadel vorsichtig nach vorn zu schieben, bis sie anschlägt, und die Nadel, geschützt durch die Schutzkappe, aus der Farbdüse etwa 2 - 3 mm herausschaut. In dieser Stellung ist die Nadel wieder festzuschrauben und das Gerät ist wieder arbeitsbereit. Nur sorgfältige Reinigung nach j e d e m Spritzen garantiert für jahrelange Haltbarkeit.

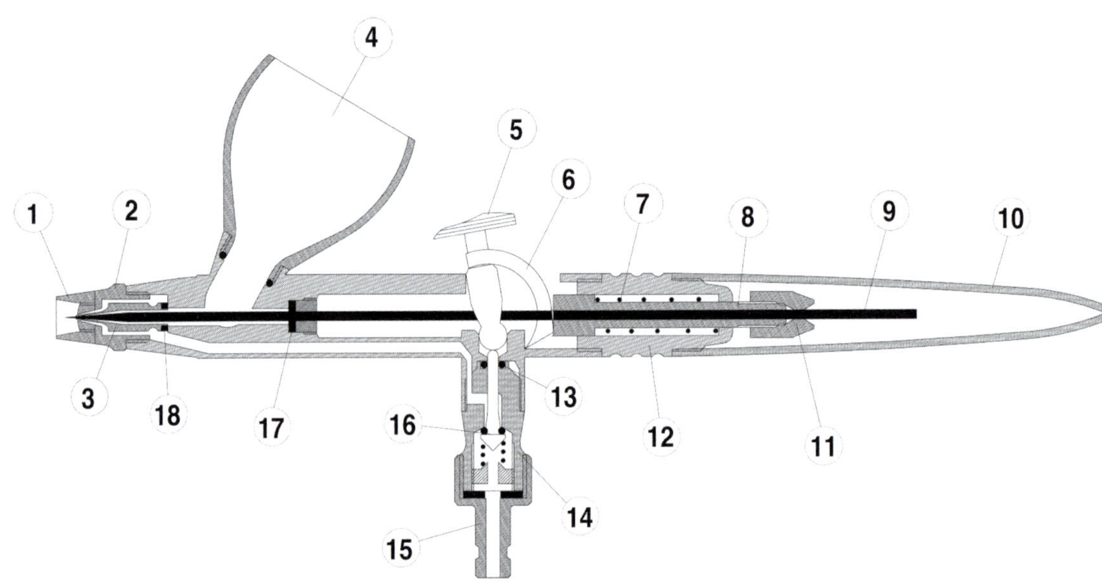

1.2-01 Grundlegende Tipps sind manchmal zeitlos, wie dieses historische Dokument zeigt. Wer sie nicht beherzigt, den kann manchmal selbst eine kleine Nachlässigkeit teuer zu stehen kommen. Grundvoraussetzung für die Arbeit mit dem Präzisionsinstrument Airbrush ist ein stets störungsfreies Funktionieren aller Geräteteile. Bedingung dafür ist neben einem durchweg gut gereinigten Airbrush sowohl dessen sachgerechte Pflege wie auch die Kenntnis der Ursachen eventueller Funktionsstörungen. Je vertrauter der Anwender mit seinem Gerät ist, desto entspannter wird die Arbeit mit dem Airbrush sein.

Einige sehr wichtige Wartungshinweise sollen deshalb gleich vorausgeschickt werden: Niemals darf der ganze Apparat in ein Lösemittel oder in ein Ultraschallbad gelegt werden! Gelegentlich ist etwas dünnes Öl an die Hebelmechanik zu geben, aber Nadelspitze und Düse sind frei von Öl und Fett zu halten, da diese das Spritzbild beeinflussen können. Nadel, Düse und Dichtungen sind Verschleißteile, die bei Bedarf ausgetauscht werden müssen.

1 Nadelkappe
2 Luftkopf / Düsenkappe
3 Farbdüse (Steckdüse)
4 Farbbehälter
5 Bedienhebel
6 Druckplatte / Excenter
7 Nadelfeder
8 Nadelspannfutter
9 Nadel
10 Griffstück
11 Nadelklemmmutter
12 Nadelfedergehäuse
13 Ventilschaftdichtung
14 Luftventilkörper
15 Stecknippel NW 2,7 mm (Schnellkupplung)
16 Ventilstange mit Feder (Luftventil)
17 Nadelpackung / Nadeldichtung
18 Düsendichtung

1.2-02 Für die Apparate gibt es von den Herstellern im Allgemeinen eine Schnitt- oder Explosionszeichnung. Diese benennt die Einzelteile. Anhand dieser Orientierungshilfe lässt sich ein Airbrush in der Regel recht leicht zerlegen. Die Vorgehensweise wird hier am Beispiel eines „Double-Action"-Geräts mit Fließsystem veranschaulicht, hier die Harder & Steenbeck *Evolution*.

Im Prinzip werden alle derartigen Airbrush-Typen in ähnlicher Weise auseinandergenommen. Der Vorgang des Zerlegens kann in drei Phasen unterteilt werden, die für die Arbeit von unterschiedlicher Bedeutung sind. Als Erstes sind die Bauteile an der Reihe, die direkt mit Farbe in Berührung kommen. Sie werden zu Reinigungszwecken am häufigsten aus dem Gerät zu nehmen sein. Im zweiten Abschnitt geht es dann um die Bauteile der Nadelführung (siehe 1.3-33, Seite 39), im dritten um das Luftventil und dessen Steuerung (siehe 1.3-35, Seite 40).

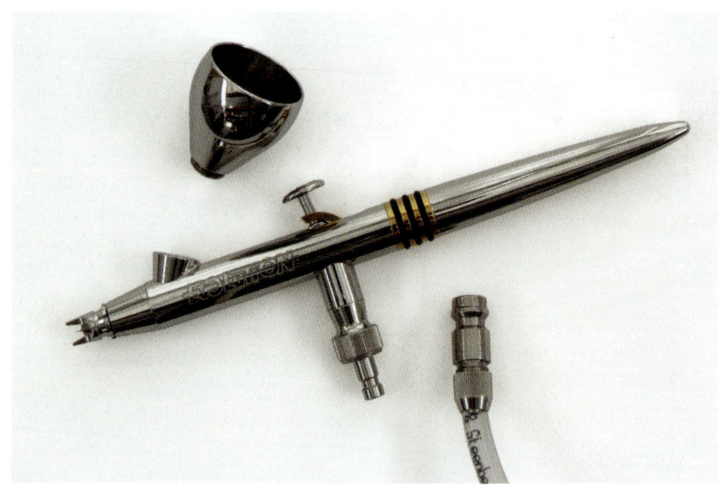

1.2-03 Für alle Arbeiten am Airbrush selbst wird das Gerät vom Luftschlauch getrennt. Zum leichteren Reinigen lässt sich bei einigen Geräten zudem der Farbbecher abnehmen.

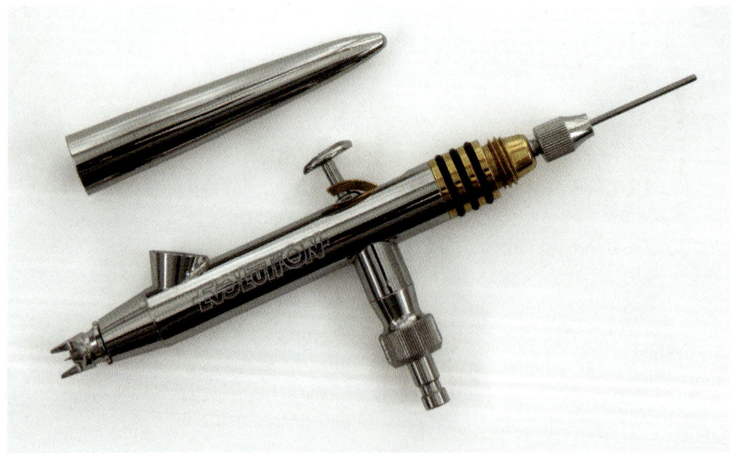

1.2-04 Weiter geht es mit dem Abschrauben der Gehäuse- oder Griffkappe. Die dadurch freigelegte Nadelklemmmutter wird gelöst (nur gelöst, nicht abgeschraubt!).

1.2-05 Die Nadel kann nun vorsichtig zurückgezogen werden. Wichtig: Zurückgezogen wird sie nur so weit, dass ihre Spitze im Farbbehälter zum Vorschein kommt, sich also nicht mehr im Bereich der Farbdüse befindet.

1.2-06 Nicht immer ist der Blick auf die Nadelspitze frei. Abhängig von der Bauart des Airbrushs kann die Nadel manchmal nur schwer oder gar nicht zu sehen sein. Mit einer etwa um 2 cm zurückgezogenen Nadel dürfte in der Regel aber nichts schiefgehen (hier die Paasche „V").

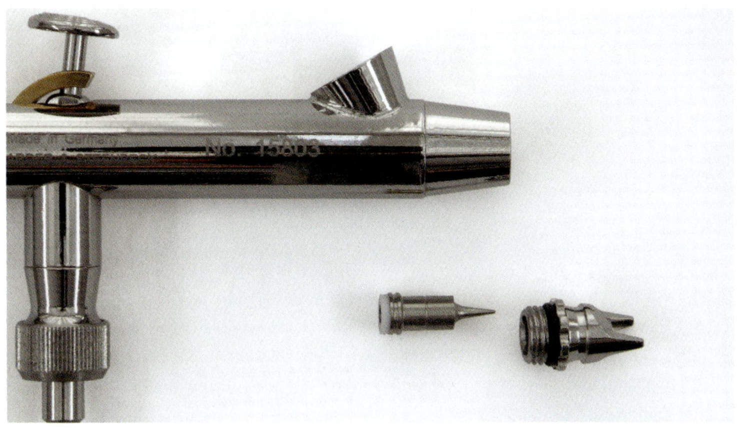

1.2-07 Anschließend können Saugkappe und Düse aus dem Airbrush herausgeschraubt werden. Durch das Zurückziehen der Nadel besteht keine Gefahr mehr, die hochempfindliche Spitze der Nadel durch ein Verkanten dieser Bauteile zu beschädigen. Zeitgemäße Geräte verfügen über eine gesteckte Farbdüse (Steckdüse), die durch die eingeschraubte Düsenkappe (auch als Saugkappe oder Luftkopf bezeichnet) am Ende des Farbkanals gehalten wird.

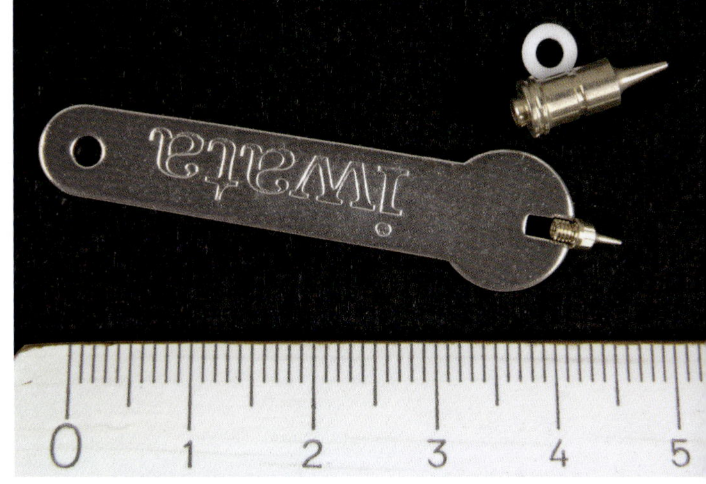

1.2-08 Farbdüsen, die in den Farbkanal hineingeschraubt werden, benötigen kleine Werkzeuge. Diese Schlüssel zum Herausschrauben der Düse werden in der Regel herstellerseitig mitgeliefert. (Diese historische Bauweise des Einschraubens bot einst die einzige Möglichkeit, die notwendige Abdichtung zwischen Luft- und Farbkanal zu gewährleisten, bevor moderne Dichtungsringe an der Farbdüse diese Aufgabe übernehmen konnten.) Zum Vergleich wurde die ausgebaute Steckdüse dazugelegt. Beide Düsen haben die Nenngröße 0,2 mm.

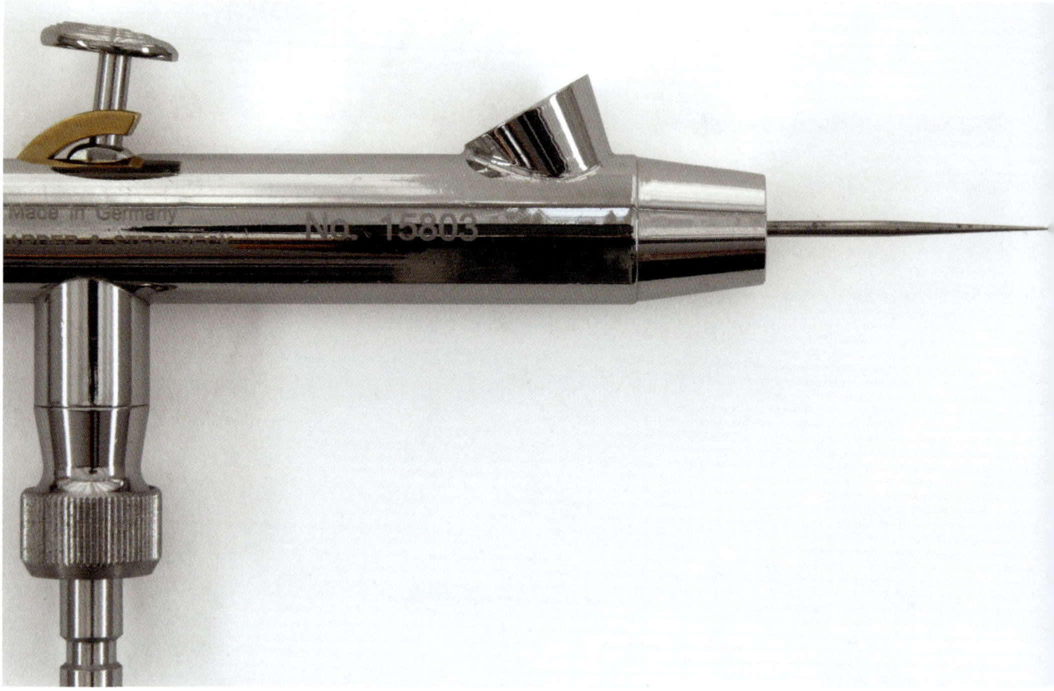

1.2-09 Die Nadel wird jetzt nach vorn aus dem Airbrush herausgezogen. Dafür sollte sie durch die Nadelklemmmutter hindurch vollständig nach vorn (!) in die Nadelführung hineingeschoben sein. Dies geschieht, um jede Beschädigung der Nadelspitze sicher zu vermeiden. Wird die Nadel nach hinten durch die Nadelklemmmutter hindurch herausgezogen oder von der Rückseite her hineingeschoben, kann dies teilweise schon durch ein ganz leichtes, oft nicht zu vermeidendes Anwinkeln der Nadel zu einer verdorbenen Nadelspitze führen.

1.2-10 Ein billiger Borstenpinsel einfachster Qualität ist ein geeignetes Hilfsmittel zum Reinigen. Saugkappe, Düse und Nadel sowie Farbbehälter und Farbkanal lassen sich damit gut säubern. Dieser Pinsel mit möglichst kräftigen Borsten wird zum Auswaschen der einzelnen Bauteile mit einer geeigneten Reinigungsflüssigkeit oder mit Verdünner getränkt. Die Düse wird zum Entfernen aller auf ihrer Innenwand abgelagerten Farbreste auf einzelnen Borsten aufgesteckt; die Nadel wird zum Säubern mit ihrem stumpfen Ende voran durch die Borsten gezogen, bis sich alle Farbreste gelöst haben.

1.2-11 Zum Beseitigen hartnäckiger Farbreste sind kleine Reinigungsbürsten empfehlenswert. In unterschiedlichen Größen und variierenden Formen der Borstenanordnung erhältlich, leisten sie gute Dienste. Aufgrund ihres Drahtkerns ist bei der Düsenreinigung jedoch entsprechende Sorgfalt geboten.

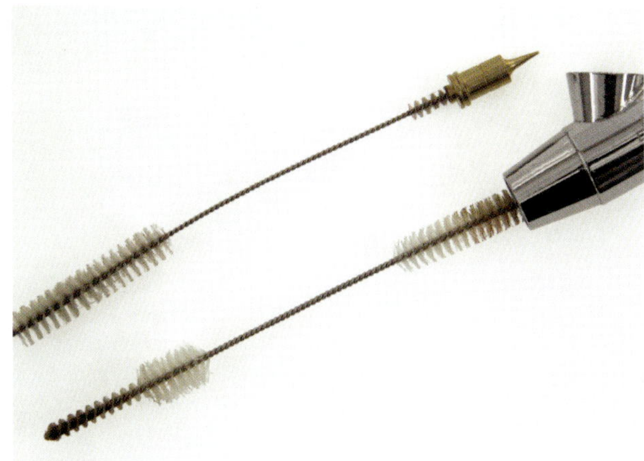

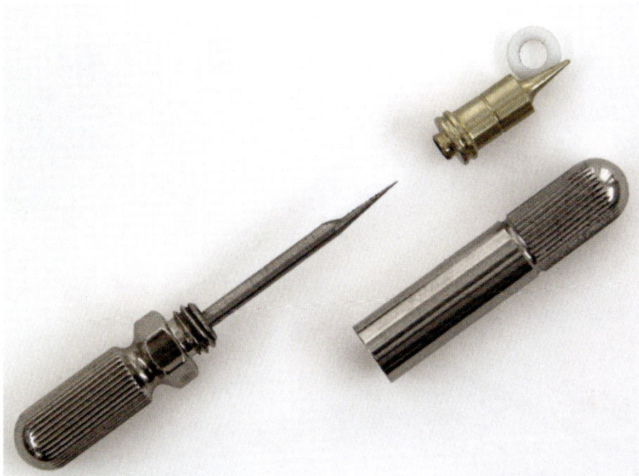

1.2-12 Bei fest verstopften Farbdüsen schafft eine Düsenreinigungsnadel Abhilfe. Aber Vorsicht: Diese Düsenreinigungsnadeln sind nicht universell einsetzbar. Sie müssen unter den Gesichtspunkten des Durchmessers und der Düsenwandsteigung im Wortsinn passen, da sie sonst sogar mehr Schaden verursachen als Nutzen bringen können. Hier gilt es, auf den Hersteller und dessen Angaben zu achten.

1.2-13 Eine Einfädelhilfe und eine Dentalbürste ergänzen die Reinigungswerkzeuge. Mit einem aufgetrennten Nadeleinfädler für Nähgarn lassen sich Pigmentreste gut in der Spitze der Farbdüse wegschieben. Dentalbürsten können als Reinigungsbürsten in verschiedenen Größen verwendet werden.

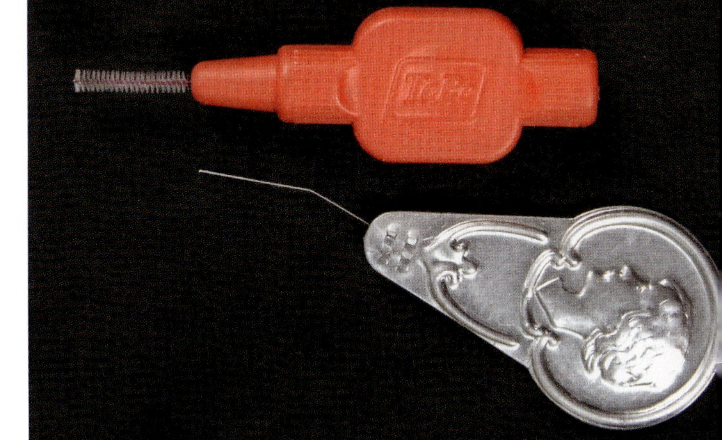

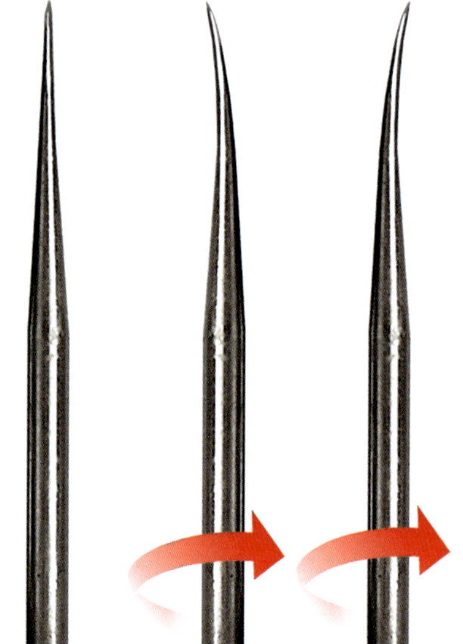

1.2-14 Bevor der Airbrush wieder zusammengesetzt wird, empfiehlt sich ein Prüfen der Nadelspitze. Um festzustellen, ob diese in einem absolut ausgerichteten Zustand ist, wird die Nadel an der Mitte des Schafts mit Daumen und Zeigefinger der einen Hand gehalten, während die andere die Nadel am stumpfen Nadelende zwischen Daumen und Zeigefinger hin und her rollt. Zeigt sich beim Drehen der Nadel im Gegenlicht eine Bewegung an der Nadelspitze, so ist sie entweder nicht sauber oder verbogen.

1.2-15 Eine nur leicht gekrümmte Nadelspitze lässt sich vielleicht wieder ausrichten. Dazu wird die Nadel entlang ihrer in die Spitze auslaufenden Verjüngung mit dem Zeigefinger auf einen geeigneten planen (!) Untergrund gedrückt, wobei die andere Hand die Nadel am stumpfen Nadelende um die eigene Achse dreht und sie dabei langsam zurückzieht. Kann auf diese althergebrachte Weise keine vollständige Ausrichtung der Nadelspitze mehr erreicht werden, muss die Nadel erneuert werden.

Der Einbau der gereinigten Teile erfolgt in der umgekehrten Reihenfolge des Herausnehmens. Als Erstes wird die Nadel am vorderen Ende des Airbrushs so weit in den Farbkanal hineingeschoben, dass sie hinter der Nadelklemmmutter festgehalten werden kann. Von dort aus ist sie dann zurückzuziehen, bis die Nadelspitze wieder im Farbbehälter auftaucht (siehe 1.2-05).

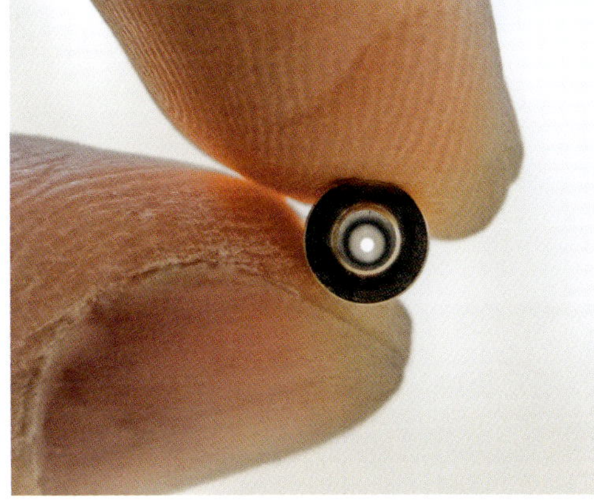

1.2-16 Zum Überprüfen der Farbdüse wird diese nochmals gegen das Licht gehalten. Die vordere Düsenöffnung erscheint nun als heller Lichtkreis, soweit sie nicht verstopft ist. Helle Lichtreflexe auf den Düsenwandungen einer auch leicht schräg gehaltenen Düse zeigen, dass sich keine neuen Verunreinigungen, kleine Fasern oder Ähnliches mehr verfangen haben.

Düse und Saugkappe lassen sich nun wieder montieren, wobei aber unbedingt darauf geachtet werden muss, dass diese Teile luftdicht mit dem Gehäuse abschließen. Bei Steckverbindungen erreicht man dies meist durch einen dazwischen einzupassenden Dichtungsring; bei geschraubten Teilen werden die Gewinde teilweise auch mit Wachs oder Lack abgedichtet (siehe dazu auch die entsprechenden Hinweise des Herstellers).

Nach der ordnungsgemäßen Montage von Saugkappe und Düse wird die Nadel langsam nach vorn geschoben, bis sie die Düse vollständig verschließt. Dies muss vorsichtig geschehen, da eine zu stark in die Düse gepresste Nadel die feine Düsenwandung auseinanderdrücken und so die Düse zerstören kann. Ist die Nadel sachgerecht bis zum Anschlag in die Düse eingesetzt, wird die Nadelklemmmutter wieder festgezogen und die Gehäusekappe aufgesetzt. Da bei manchen Airbrush-Modellen etwas Kraft nötig ist, um die Nadel fest mit der Nadelführung zu verbinden, kann es vor dem Aufsetzen der Griffkappe ratsam sein, durch ein kurzes Zurückziehen des Bedienungshebels zu überprüfen, ob die Nadel durch die Nadelführung wirklich mitgenommen wird.

1.2-17 Natürlich muss der Airbrush nicht mit jedem Farbwechsel auch zerlegt werden. Beim Arbeiten mit wasserverdünnbaren Farben lässt sich der Spritzapparat schnell mit Wasser oder einem geeigneten Reinigungsmittel ausspritzen. Zur klassischen Vorgehensweise beim Ausspritzen des Airbrushs gehört es, die Saugkappe von vorn mit dem Finger kurz zu verschließen und so den Luftstrom zurück in den Farbkanal und den Farbbecher zu drücken. Dabei können eventuell noch verbliebene Farbreste gelöst und in den Farbbecher gedrückt werden.

Gelingen kann dies aber nur mit einer „old school"-Saugkappe, die rundherum geschlossen ist. Zeitgenössische Geräte haben meist seitlich offene Saugkappen, um Feinarbeiten aus nächster Nähe zum Spritzgrund zu erlauben. Bei solchen Saugkappen kann der Luftstrom seitlich abfließen, selbst wenn die Kappe den Spritzgrund schon berührt.

1.2-18 Eine Reinigungskappe speziell für den Airbrush drückt den Luftstrom zurück in den Farbkanal. Diese Plastikkappe kann auf den Airbrush aufgesteckt oder einfach von vorn gegengehalten werden. Damit ist trotz seitlich offener Saugkappe auch diese Art der Zwischenreinigung möglich. Allen, die dies zum ersten Mal probieren, sei geraten, mit einem sauberen Airbrush und Wasser zu schauen, wie es funktionieren könnte, ohne dass „die Umwelt" herausspritzende Flüssigkeit abbekommt.

1.2-19 Spezielle Auffangbehälter, auch als „Spraz Out" bezeichnet, sind ein nützliches Hilfsmittel zum Leerspritzen des Airbrushs. Als Reinigungsstation gleich mit einem Airbrush-Halter ausgestattet, besitzen sie ein Filtersystem gegen Farbnebel. Die kleinen Filtermatten dieses Filtersystems im Druckauslass sind austauschbar. Besteht die Reinigungsstation aus Glas und/oder geeigneten Kunststoffen, lassen sich gerade lösungsmittelhaltige Farben und Reinigungsmittel gut ausspritzen, später umfüllen und fachgerecht entsorgen.

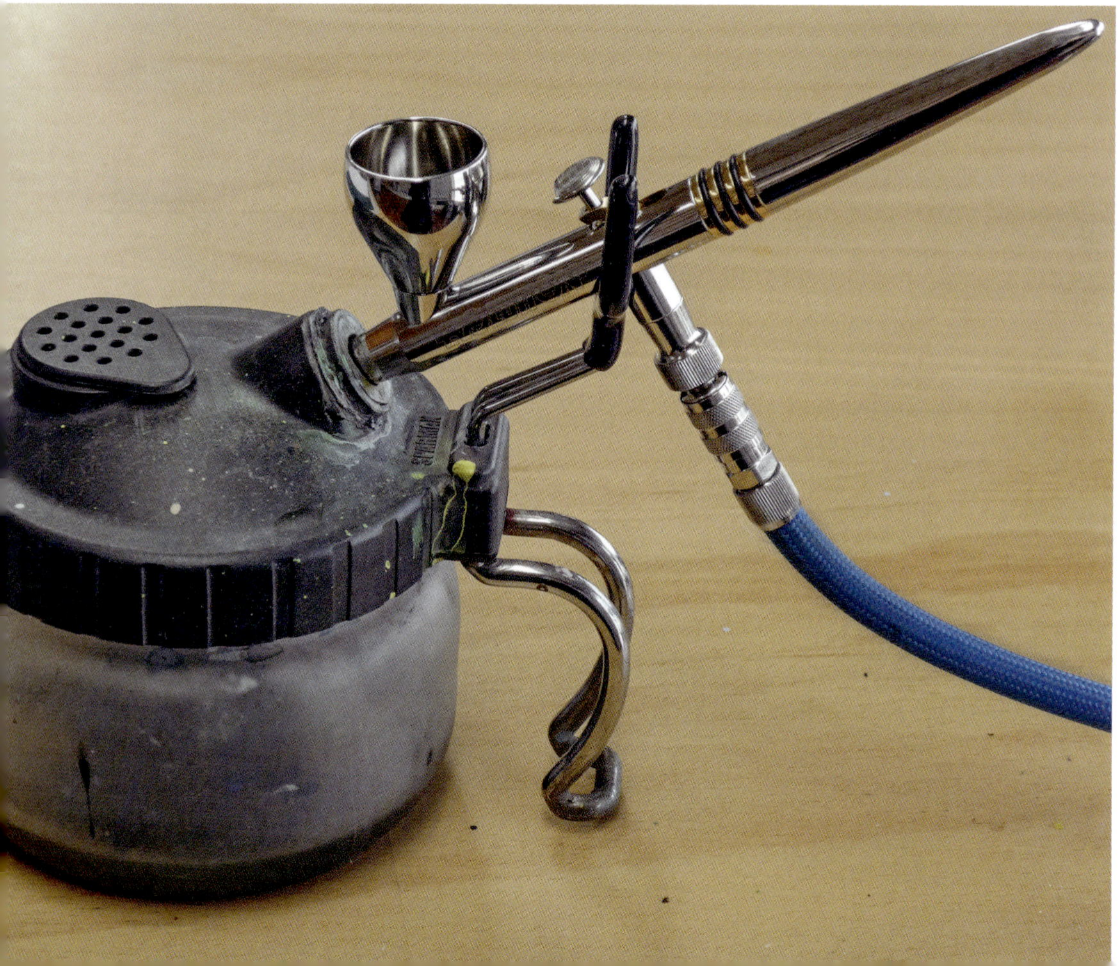

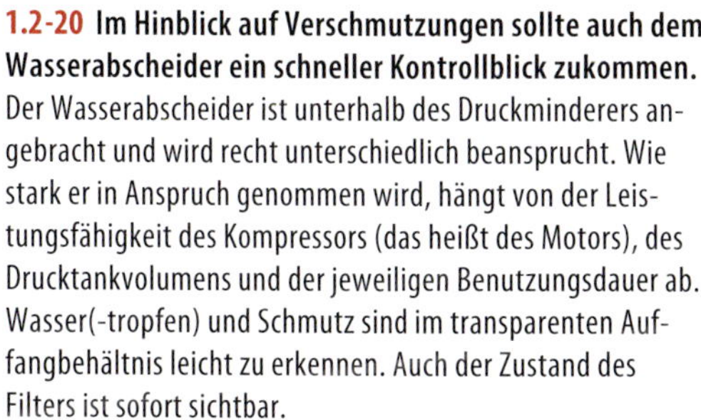

1.2-20 Im Hinblick auf Verschmutzungen sollte auch dem Wasserabscheider ein schneller Kontrollblick zukommen. Der Wasserabscheider ist unterhalb des Druckminderers angebracht und wird recht unterschiedlich beansprucht. Wie stark er in Anspruch genommen wird, hängt von der Leistungsfähigkeit des Kompressors (das heißt des Motors), des Drucktankvolumens und der jeweiligen Benutzungsdauer ab. Wasser(-tropfen) und Schmutz sind im transparenten Auffangbehältnis leicht zu erkennen. Auch der Zustand des Filters ist sofort sichtbar.

Befindet sich Wasser im Wasserabscheider, so steigt die Gefahr, das Wassertröpfchen durch den Luftschlauch zum Airbrush gelangen und dort ein hässliches „Spucken" verursachen. Das gilt es natürlich zu vermeiden!

1.2-22 Der Wasserabscheider lässt sich einfach säubern. Verbleiben nach dem Luftablassen noch Schmutzreste im Auffangglas oder ist der Filter deutlich verschmutzt, so kann der transparente Auffangbehälter nach dem Öffnen des Ventils abgeschraubt werden. Auch der Filter lässt sich meist recht leicht abnehmen und kann gereinigt oder ausgewechselt werden. Womit sich die Bauteile des Wasserabscheiders am besten reinigen lassen, hängt natürlich von der Bauart des Kompressors und damit von der Frage ab, ob die Rückstände im Behälter und im Filter Ölanteile haben können.

Beim Zusammenbau des Wasserabscheiders ist schließlich sicherzustellen, dass das Gewinde des Auffangbehälters druckdicht abschließt, und auch, dass das Ablassventil wieder vollständig geschlossen ist.

1.2-21 Zum Ablassen des Luftdrucks und zum Ausblasen des angesammelten Wassers dient das Ventil unten im Auffangglas. Je nach Bauart wird der Ventilschaft entweder nur nach oben gedrückt oder aber in einem Gewinde nach oben gedreht. Haben sich Rückstände im Wasserabscheider niedergeschlagen, die dabei herausgeblasen werden können, ist es ratsam, zum Öffnen des Ventils ein weiches, saugfähiges Tuch in die Hand zu nehmen.

1.2-23 Die Lufttanks von Kompressoren haben einen Wasserablass. Er befindet sich entweder an der Oberseite des Drucktanks als kleiner Hahn oder an der Tankunterseite als Schraube. Wenn sich im Wasserabscheider eines solchen Kompressors Wasser zeigt, dann kann davon ausgegangen werden, dass sich im Tankbehälter Kondenswasser angesammelt hat.

Bei einem oben liegenden Wasserablass schießt das Wasser mit dem Luftstrom unter Druck aus dem Tank heraus, wenn der Hahn geöffnet wird. Da das Wasser Rost und auch ölige Anteile enthalten kann, ist es sinnvoll, einen Druckschlauch auf das Ende des Hahns zu schieben. Das offene Ende des Schlauchs wird dann in eine große, offene Flasche gehängt, in einen aufnahmefähigen Lappen hineingeschoben oder auf andere Art und Weise abgesichert.

Vor dem Öffnen einer im Boden des Lufttanks angebrachten Ablassschraube sollte jedoch der Druck abgelassen werden. Das Druckablassen erfolgt über das Ventil des Wasserabscheiders. Die Ablassschraube kann danach über einem großen, flachen (!) Gefäß aus dem Lufttank herausgedreht werden, um das Wasser ablaufen zu lassen.

Während der Ablasshahn nach dem Schließen automatisch dicht sein sollte, ist bei der Ablassschraube darauf zu achten, dass sie die Ablauföffnung im Tank wieder wirklich vollständig schließt.

1.2-24 Nicht vergessen werden darf das Ölschauglas bei den Öl-Kolben-Kompressoren. Im normalen Betrieb sollte der Ölstand nach der Erstbefüllung über Jahre hinweg recht konstant sein, sodass höchstens einmal eine kleine Menge Öl nachgefüllt werden muss. Dafür sind die herstellerseitig benannten Öle zu verwenden. Auch hinsichtlich eines möglichen Ölwechsels sind die Herstellerangaben zu beachten. Öl für die Erstbefüllung gehört zum Lieferumfang für Neugeräte.

1.2-25 Am Anfang dieses Abschnitts zur „Wartung und Pflege“ stand die Empfehlung, die Airbrush-Nadel zurückzuziehen, wenn mit dem Gerät nicht gearbeitet wird. Die dazugehörige Frage, wie und wo der Airbrush dann am besten zu verstauen ist, blieb noch offen. Gut geschützt lässt er sich natürlich in seiner Originalverpackung verwahren. Aber spätestens wenn mehrere Geräte benutzt werden, ist dies ein platz- und zeitraubendes Verfahren. Ein kleines (Vitrinen-)Schränkchen erweist sich da als ein ebenso sicherer und doch schnell zugänglicher Aufbewahrungsort. Gehalten werden die Apparate durch die Stecknippel ihrer Schnellkupplungen, die in passenden Bohrungen in den Bodenbrettchen stecken.

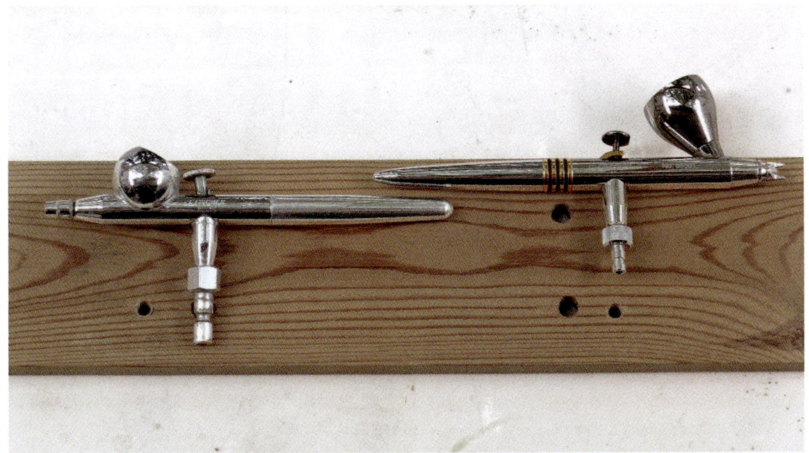

1.2-26 Die Bohrungen des herausgenommenen Bodenbrettchens haben zwei unterschiedliche Durchmesser. Diese sind dem Umstand geschuldet, dass das ältere der beiden Schnellkupplungssysteme noch wesentlich stärkere Stecknippel besitzt. Beim linken Apparat liegt die Bohrung direkt unter dem Stecknippel, sodass gut zu sehen ist, wie wenig Spielraum es braucht, damit der Airbrush leicht hineingesteckt oder herausgenommen werden kann.

Wenn es schiefgegangen ist Fehlerquellen und Reparatur

1.3-01 Kurze Unterbrechungen im Spritzbild haben meist keine ernsten Ursachen. Entweder lösen anhaftende Verschmutzungen im Bereich von Düse und Saugkappe eine solche Funktionsstörung aus, oder die verwendete Farbe ist nicht einwandfrei spritzbar. Die Ursache für die eingeschränkte Spritzbarkeit einer Farbe kann eine Verunreinigung durch angetrocknete Farbreste (möglicherweise aus dem Verschlussbereich der Farbflasche oder -dose) sein oder eine zur Verwendung im Airbrush ungeeignete Farbsorte. Möglich, aber eher selten, ist zudem der Fall, dass Düse und Saugkappe nicht zueinanderpassen.

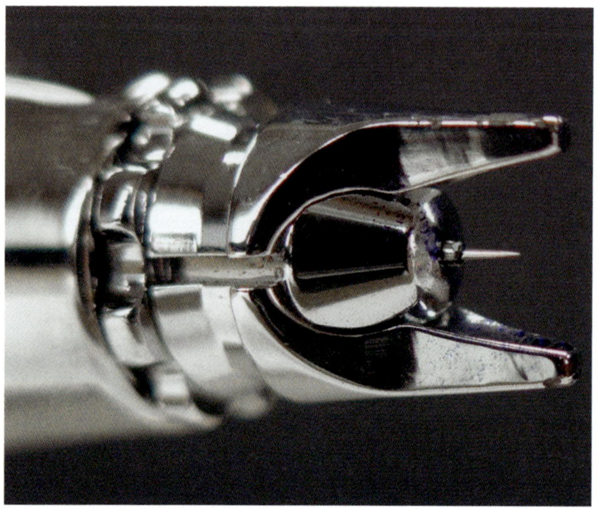

1.3-02 Die Ursachensuche beginnt mit einem Blick auf die Vorderseite von Saugkappe, Düse und Nadel. Verschmutzungen auf der Düse und der Saugkappe legen nahe, den Airbrush zu entleeren und erst einmal zu säubern. Danach lässt sich mit dem Spritzen von Tinte klären, ob das Problem weiterhin besteht und beim Airbrush zu suchen ist. Ist die eingeschränkte Spritzbarkeit auf die Farbe zurückzuführen, so können die verbliebenen Punkte (Verdünnung / Verschmutzung / Eignung) eigentlich nur im Trial-and-error-Verfahren, beginnend mit einer stärkeren Verdünnung der Farbe, „abgearbeitet“ werden.

1.3-03 Zum Überprüfen der Airbrush-Bauteile ist eine gute Lupe unerlässlich. Wird der Airbrush bei einer Funktionsstörung für eine grundlegende Reinigung aller farbführenden Teile auseinandergebaut, so sollten die Düse, die Nadel und die Saugkappe dabei gleich genauer angesehen werden. Ein sogenannter Fadenzähler ist dafür hilfreich, weil Düse und Nadel einfach daruntergelegt werden können.

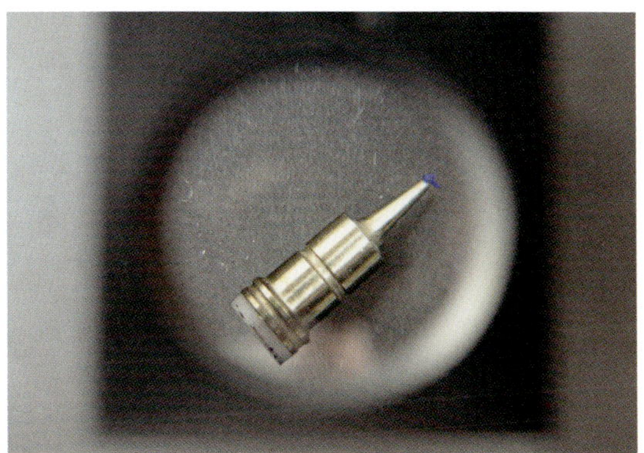

1.3-04 Beim Blick durch den Fadenzähler wird Schmutz im Bereich der Düsenspitze deutlich sichtbar. Der Blick gegen das Licht (vergl. 1.2-16) ließ Farbrückstände erwarten, die beim Saubermachen mit der Reinigungsnadel nach vorn geschoben wurden und noch entfernt werden müssen. Wichtig hier: Düse und Dichtung sehen unbeschädigt aus.

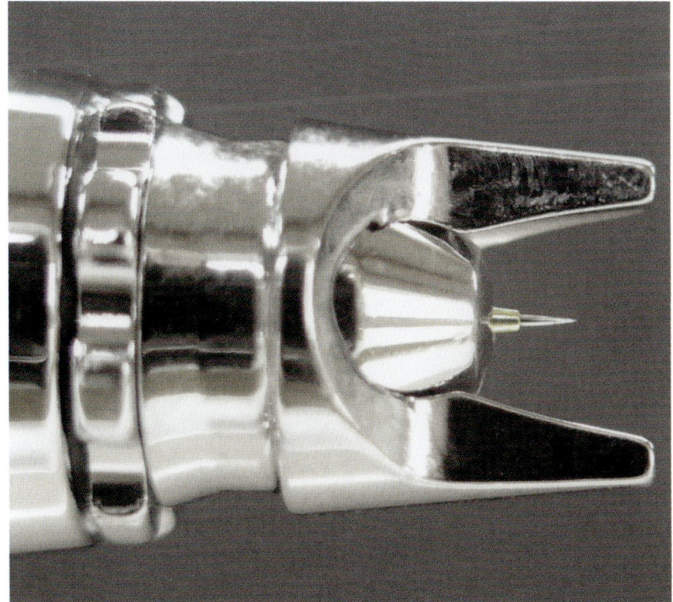

1.3-05 Das gereinigte und wieder zusammengesetzte Gerät (Bild links) zeigt sich jetzt sauber und unbeschädigt. Mit ein wenig Erfahrung ließe sich schon beim Reinigen der einzelnen Bauteile erkennen, dass der Airbrush an sich in Ordnung ist. Wer diese Erfahrung mit einem (neuen) Gerät noch nicht hat, kann das Funktionieren des Airbrushs anhand eines Spritztests mit Tinte überprüfen.

1.3-06 Bei einem Spritzbild, das für eine stark verschmutzte Nadel typisch ist, versiegt die Testlinie zusehends. Das anfängliche Zurückziehen des Fingerhebels und damit der Farbnadel bis zu einem Punkt, an dem eigentlich schon zu viel Farbe freigegeben wird, schiebt den Schmutz auf der Nadel nach vorn und schafft so Raum für einen Farbfluss. Beim Spritzen mit einer hochpigmentierten Farbe wird der Farbwulst auf der Nadel aber schnell anwachsen und so den Fluss der freigegebenen Farbe erneut drosseln. Wird die Nadel vom Anwender dann „automatisch" noch weiter zurückgezogen, besteht die Gefahr, dass der Luftstrom Teile der Verschmutzung mitreißt und das Spritzbild gänzlich verdirbt.

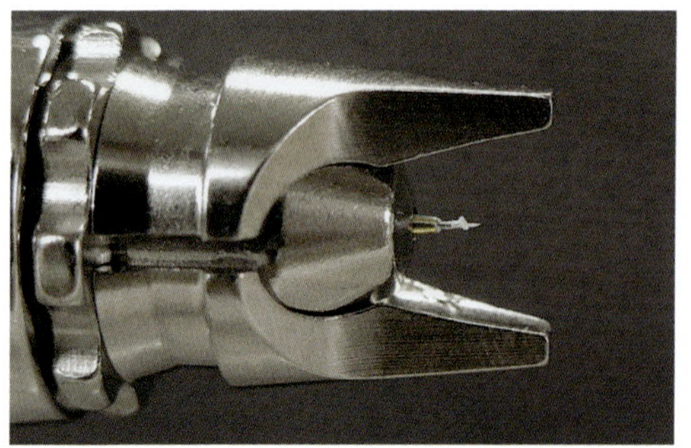

1.3-07 Durch eine seitlich offene Saugkappe wird eine Nadelverschmutzung schnell sichtbar. Das eben beschriebene Phänomen der Wulstbildung wurde hier aufgrund einer besseren Sichtbarkeit beim Verarbeiten von weißer Farbe fotografiert. Der Farbwulst, durch das Zurückziehen der Nadel nach vorn geschoben und weiter aufgeworfen, ist gut zu erkennen. Die Farbe haftet zudem bereits am vorderen Düsenrand und lässt kein brauchbares Spritzbild mehr zu.

1.3-08 Mit dem Zurückziehen der Nadel kann der Farbwulst auch gänzlich auf dem vorderen Düsenrand hängen bleiben. Zudem ist es möglich, dass angetrocknete Farbreste mit in die Düse hineingezogen werden und auch die Düseninnenwand bekleben – eine gründliche Reinigung ist auf jeden Fall unerlässlich. Gut zu sehen ist dabei, dass der Wulst am Düsenausgang eine fast gummiartige Beschaffenheit zu haben scheint, ähnlich den Farbresten, die noch an der Düse unter dem Fadenzähler hängen.

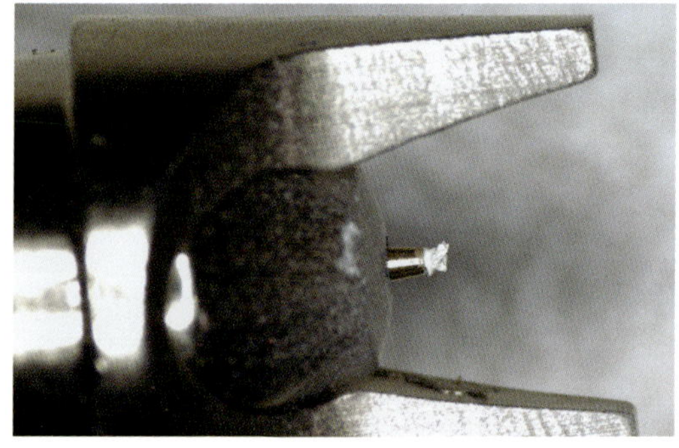

1.3-09 **Hier kommt ein digitales Mikroskop zum Einsatz. Um einzelne Sachverhalte deutlich sichtbar zu machen, ist eine über den Lupenbereich hinausgehende Vergrößerung natürlich von Vorteil.** Dies beginnt bei der vorangegangenen Aufnahme, wo erst durch die starke Vergrößerung das Hineinziehen der Farbe in die Düse gut zu erkennen ist. Für den Werktisch- und Ateliergebrauch reicht eine normale Lupenvergrößerung aus, um festzustellen, welche Maßnahmen für einen störungsfreien Airbrush-Betrieb notwendig und sinnvoll sind.

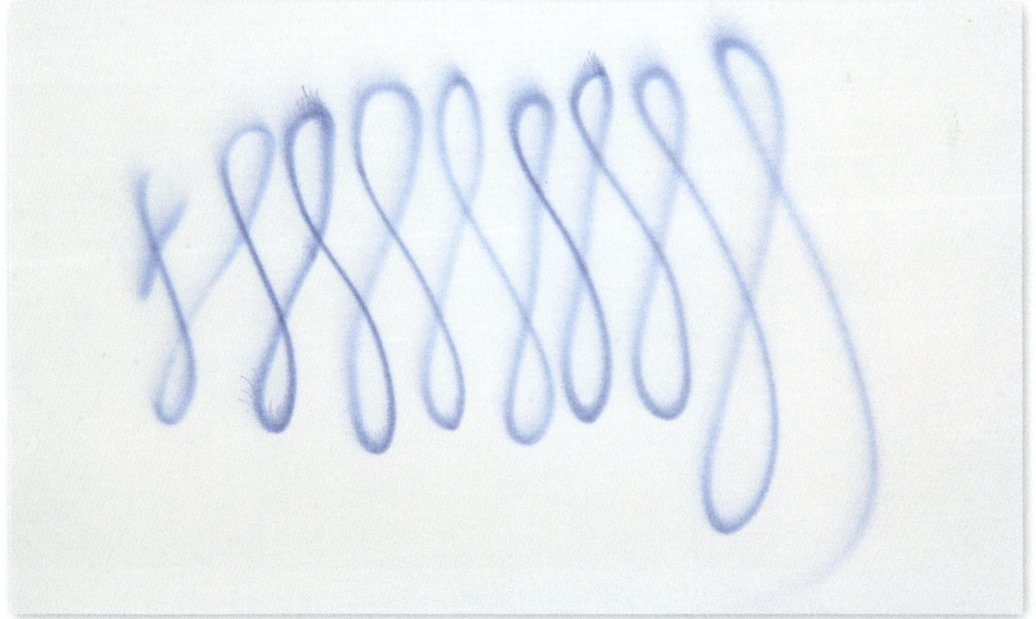

1.3-10 Ein klares Indiz für eine verbogene Nadelspitze ist ein Spritzbild, das keine einheitlich feine Linienstärke aufweist. Je nach Bewegungsrichtung erscheint die Linie breiter, die Verzögerung in den Wendeschlaufen führt zu einem zu nassen Spritzbild. Kleine, seitlich weggelaufene Farbtropfen zeugen von einem Zuviel an freigegebener Farbmenge – bei einem intakten Airbrush würde dies bedeuten, dass der Fingerhebel und damit die Farbnadel zu weit zurückgezogen werden.

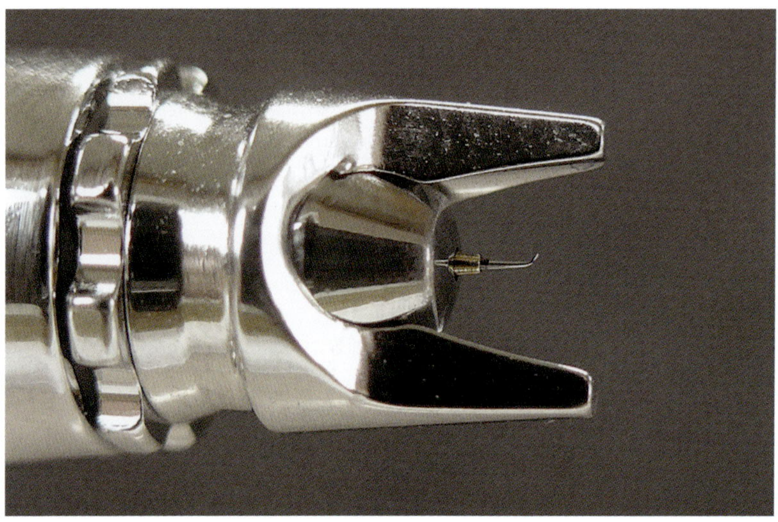

1.3-11 Der Blick auf die Nadelspitze bestätigt die Aussage des Spritzbilds. Die Nadelspitze ist verbogen und lenkt den feinen Sprühstrahl seitlich ab. Die Farbdüse scheint bisher unbeschädigt, muss aber noch genauer untersucht werden. Als Erstes wird also der Farbbehälter entleert und der Airbrush vorsichtig ausgespritzt – dabei darf die Nadel nur ein ganz kleines Stück zurückgezogen werden. Entgegen der sonst üblichen Vorgehensweise sollte nun die Nadelklemmmutter gelöst, die Nadel aber nicht zurückgezogen werden. Vielmehr wird jetzt die Luftkappe abgeschraubt und nach vorn abgenommen, am besten gleich mit der Farbdüse und der darin steckenden Nadel.

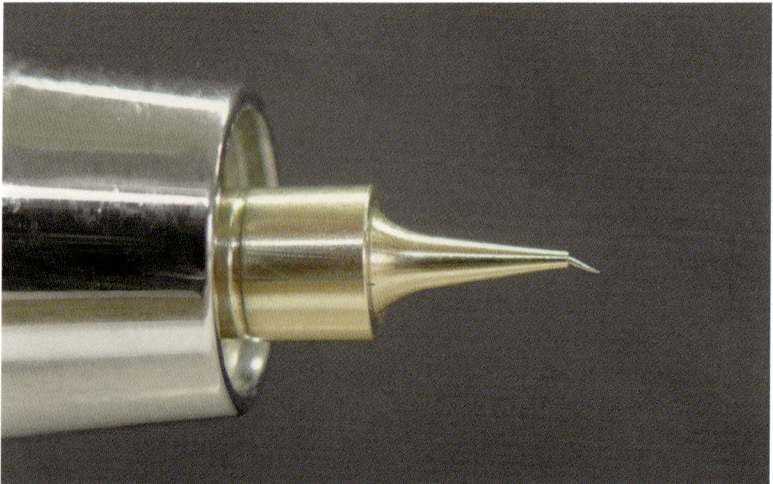

1.3-12 Bei Schraubdüsen oder Steckdüsen, die nicht fest in der Saugkappe verankert sind, verbleiben Düse und Nadel erst einmal im Gerät. Damit die verbogene Nadelspitze den Düsenkörper nicht aufreißt, werden beide Bauteile gemeinsam nach vorn aus dem Airbrush gezogen. Nicht immer wird es gelingen, danach die Nadelspitze vor der Düsenöffnung so weit zu begradigen (siehe die Grafik 1.2-17), dass sich die Nadel gefahrlos aus der Düse ziehen lässt – aber es ist den Versuch wert.

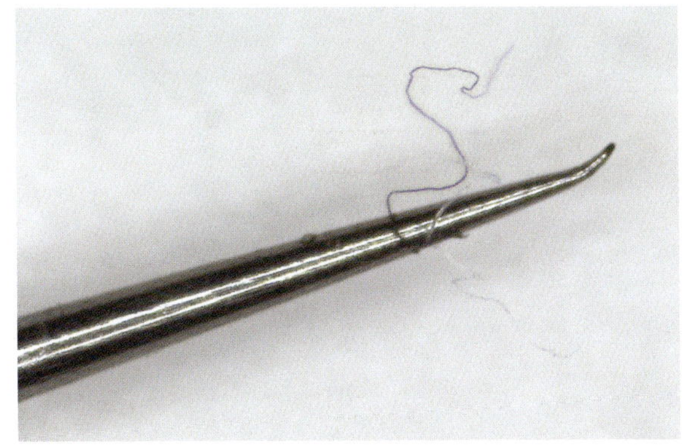

1.3-13 Das Bild des digitalen Mikroskops zeigt eine immer noch verbogene Nadelspitze. Gut zu sehen sind auf dieser Aufnahme auch die feinen Fasern (Fussel), die sich im Bereich der Nadelspitze verfangen haben. Da ihnen sehr schnell Farbe anhaftet, wäre ein Spritzvorgang selbst bei intakter Nadel nur von kurzer Dauer. Das Spritzbild wäre dem mit 1.3-06 bezeichneten ähnlich. Der Verzicht auf Wattestäbchen (aus dem Drogeriemarkt) zum Reinigen des Airbrushs erklärt sich damit von selbst.

1.3-14 Ein Spritzbild, welches dem Betrachter das Gefühl vermittelt, doppelt zu sehen, entsteht mit einer völlig verbogenen Nadel. Auch hier heißt es also, die Farbe umzufüllen und den Airbrush sehr vorsichtig leer zu spritzen, wenn die Düse noch intakt erscheint. Saugkappe, Düse und Nadel werden dann, wie unter den Punkten 1.3-11/12 beschrieben, ganz behutsam aus dem Gerät genommen.

1.3-15 Die Nadel ist gestaucht und wird sich nicht mehr ausrichten lassen. Aber auch hier ist die Farbdüse heil geblieben, wie die digitale Mikroskopie zeigt. Eine Möglichkeit, die Düse zu retten, besteht darin, die Nadel nun so weit als möglich nach vorn zu schieben und mit einem kleinen Seitenschneider die verdorbene Nadelspitze vom Nadelkörper abzutrennen. Der verbliebene Nadelkörper wird vorsichtig nach hinten aus der Düse herausgezogen.

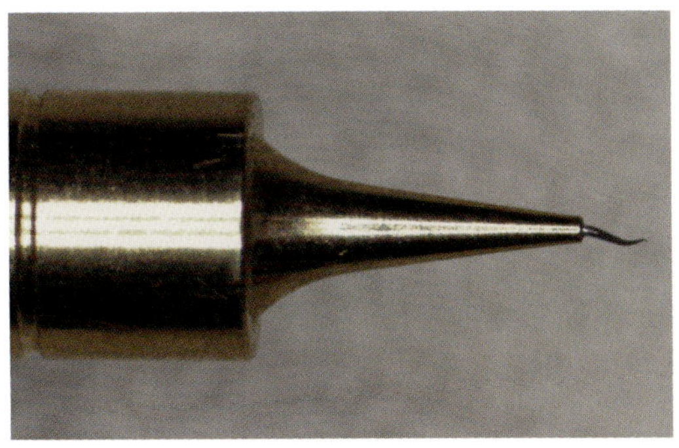

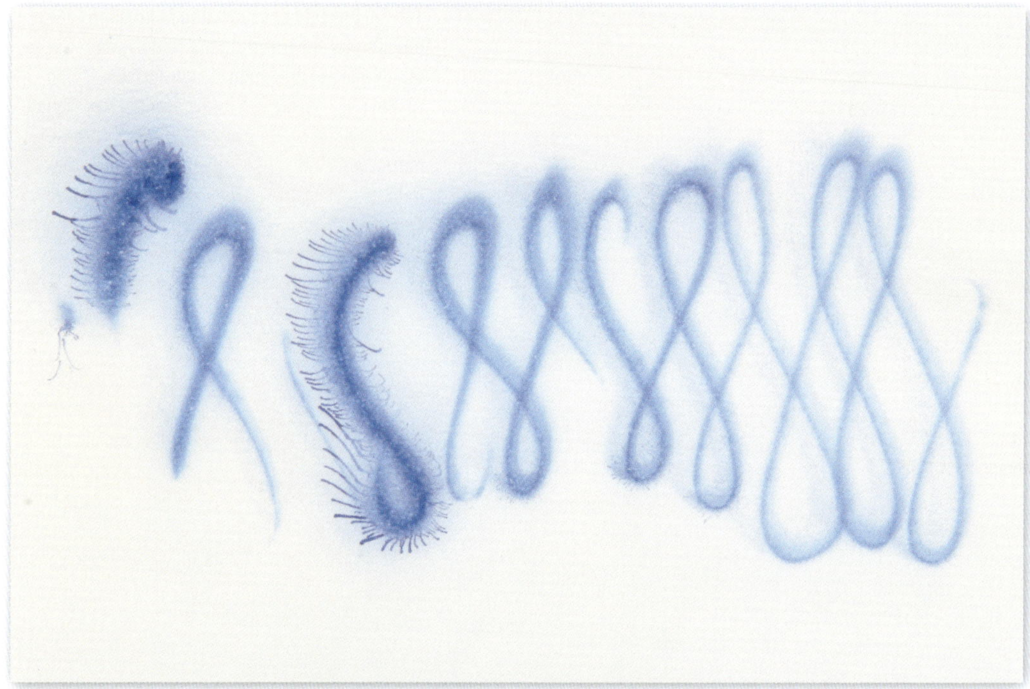

1.3-16 Das Spritzbild beginnt mit einem deutlichen Zuviel an Farbe. Im weiteren Linienverlauf zeigt sich, dass die Nadel verbogen ist. Die gleich mit der Freigabe der Druckluft verspritzte Farbe, die ein viel zu nasses Spritzbild hinterlässt, ist ein Indiz für eine kaputte Düse. Die Farbe tritt an der ruinierten Düsenwandung aus, bevor die Nadel überhaupt zurückgezogen wird.

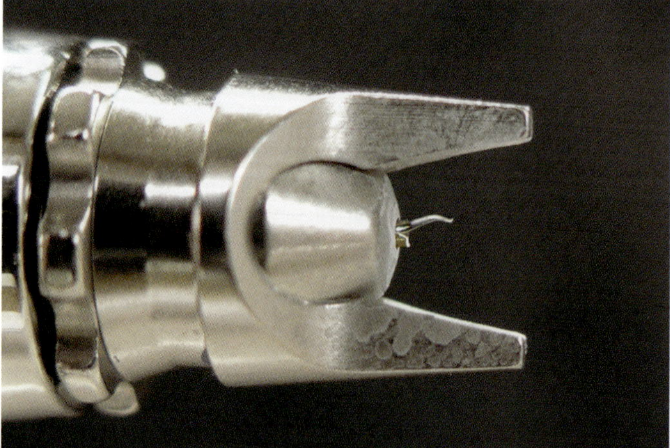

1.3-17 Die stark verbogene Nadel hat die Düse aufgerissen. Ein kapitaler Schaden wie dieser wird immer auf eine starke mechanische Einwirkung zurückzuführen sein. So kann beispielsweise durch das Herunterfallen des Airbrushs eine Nadel irreparabel gestaucht und in die Düse hineingedrückt sein. Auch eine kaputte, versehentlich und „gefühllos" zurückgezogene Nadel zerstört die Düse in gleicher Weise. Hier müssen die Bauteile nach vorn herausgezogen und erneuert werden.

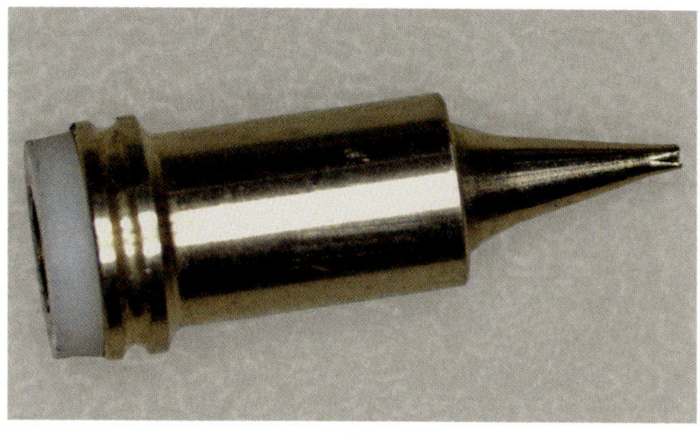

1.3-18 Risse in der Düsenwandung können ebenso unterschiedlich sein, wie ihre Ursache. Während deutlich sichtbare Schäden kein brauchbares Spritzbild mehr zulassen, können feine Risse zunächst unbemerkt bleiben. Durch einen feinen Riss tritt keine Farbe aus, er macht aber ein häufiges Reinigen der Düse erforderlich, da sich die Feststoffe der verspritzten Farbe im Riss entlang der Düseninnenwand verfangen können.

Zu den Ursachen für eine zunächst unbemerkte Beschädigung der Farbdüse kann eine „auf Spannung" eingesetzte Farbnadel gehören. Eine solche Spannung entsteht, wenn die Farbdüse, die Nadelpackung und die Nadelführung nicht exakt auf einer Achse liegen (dies kommt eher bei Geräten minderer Qualität vor). Die Nadel drückt dann die Düse entzwei. Auch eine im Ganzen leicht verbogene Nadel kann zu diesem Problem führen; das Spritzbild wird in diesem Fall ähnlich wie bei einer leicht verbogenen Nadelspitze aussehen, bevor die Düse sich zusetzt. Der Blick von vorn auf die Düse zeigt, dass die Nadelspitze nicht mittig in der Düsenöffnung „schwebt".

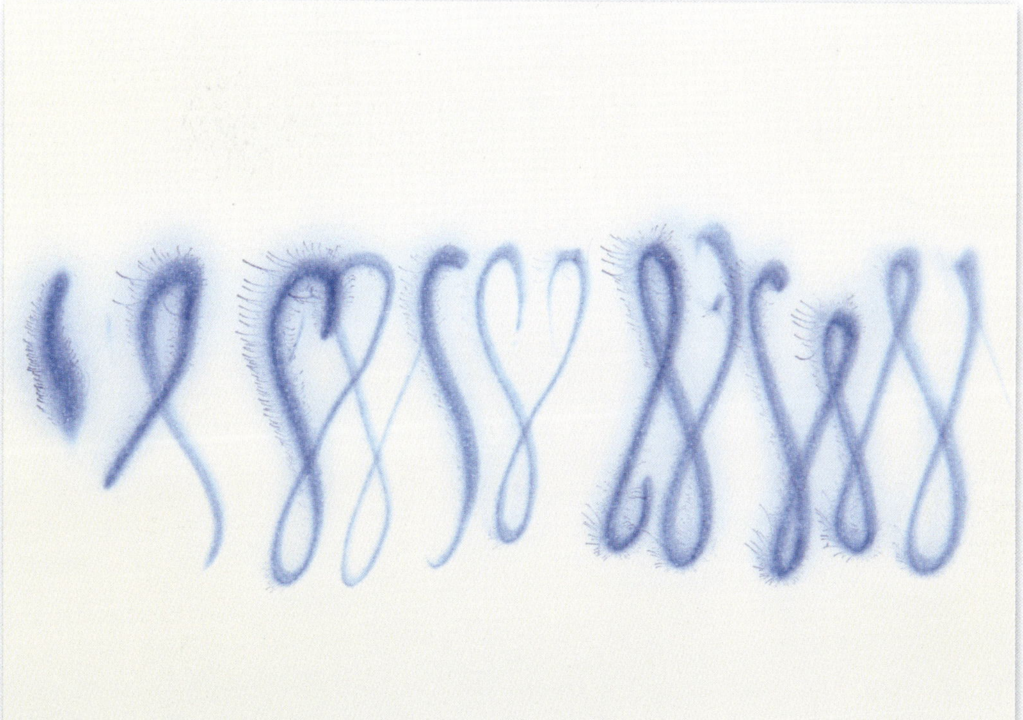

1.3-19 Das Spritzbild eines Airbrushs mit verbogener Nadel und sichtbar ausgerissener Düse ist nicht steuerbar. Bei einem Spritzapparat, bei dem die Farbe von selbst nach vorn in den Düsenbereich fließt (Fließsystem), kann die Farbe aus der kaputten Farbdüse herauslaufen, ohne dass der Bedienungshebel zurückgezogen wird. Schon das alleinige Freigeben der Luft (bei einem Double-action-Airbrush) wird somit ein Zuviel an Farbe auf den Spritzgrund befördern. Je nach Ausmaß des Schadens an der Düse kann zwischendurch ein Spritzbild, das etwas über den Nadelzustand aussagt, sichtbar werden. Arbeiten kann man mit dieser Nadel-Düsen-Konstellation nicht mehr.

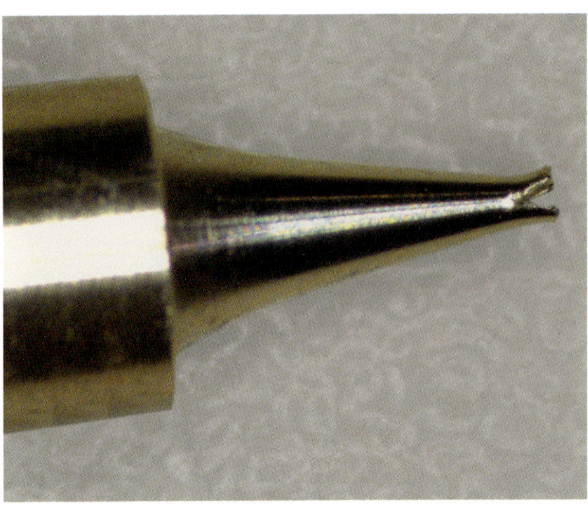

1.3-20 Eine zerstörte Düse sieht im Einzelfall aus wie das aufgerissene Maul eines Krokodils. Das Zustandekommen dieses Totalschadens ist unter Punkt 1.3-17 geschildert. Obwohl die Düse inzwischen aus der Saugkappe herausgezogen wurde, verblieb das vordere Düsenende deutlich sichtbar nach außen aufgeworfen. Das derart aufgeworfene, nach außen gedrückte Material verengt den Luftaustritt der Saugkappe und drosselt so den Luftstrom oder lenkt ihn ab.

1.3-21 Entsteht ein viel zu nasser Farbauftrag und die freigegebene Farbmenge lässt sich nicht verringern, muss aber keineswegs gleich die Düse kaputt sein. Obwohl dieses Spritzbild von einer zerstörten Düse stammt, würde es bei einer fehlerhaft eingesetzten, nicht ganz nach vorn geschobenen Nadel recht ähnlich aussehen. Die Düse kann in einem solchen Fall völlig in Ordnung sein. Erst bei sehr genauem Hinsehen wird durch die Sprenkel zwischendurch der vom aufgeworfenen Düsenrand gedrosselte Luftstrom erkennbar. Auch aus einer intakten Düse, die von einer unbeschädigten Nadel nicht ordnungsgemäß verschlossen wird, läuft vorn Farbe heraus und wird am Anfang des Spritzbilds als nasser „Klecks" sichtbar. Verbleibt die Nadel in einer recht weit zurückgezogenen Position, kann der Farbfluss dann natürlich nicht verringert werden und das Spritzbild ist weiterhin zu nass.

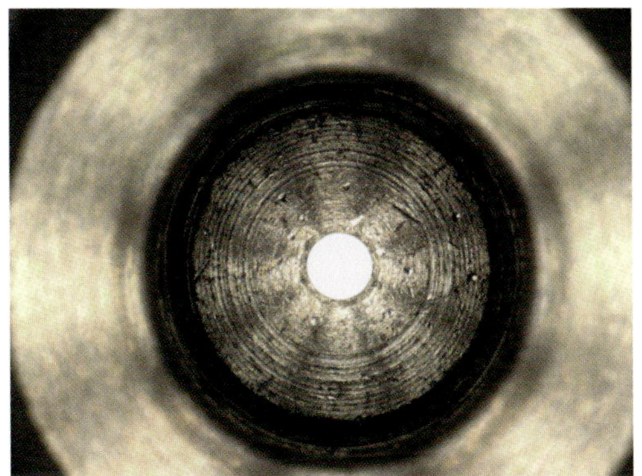

1.3-22 Ein stark vergrößertes Foto durch eine intakte Farbdüse hindurch zeigt, wie präzise diese Düse gefertigt wurde. Die Blickrichtung stimmt mit der überein, die nach der gründlichen Reinigung der ausgebauten Düse im vorangegangenen Kapitel empfohlen wurde. Zwischen zwei Fingern gehalten, sollte dort durch die Düse gegen das Licht geschaut werden, um mögliche Farbreste vor dem Zusammenbau noch zu entdecken (siehe 1.2-16).

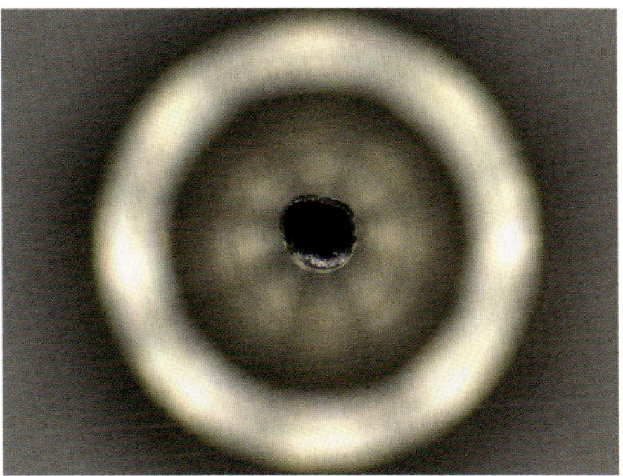

1.3-23 Der zusätzliche Blick auf eine kaputte Düse direkt von vorn macht deren Schadbild noch anschaulicher. Ob eine Düse schadhaft ist, zeigt sich aus allen Blickrichtungen. Wie sehr der vordere Düsenrand bei dieser Düse ausgefranst und unförmig nach außen gedrückt wurde, zeigt diese Ansicht. Vorn aufreißen kann eine Farbdüse im Einzelfall natürlich auch, wenn die Nadel beim Zusammensetzen des Airbrushs (immer wieder) zu stark in die Düse gedrückt wird.

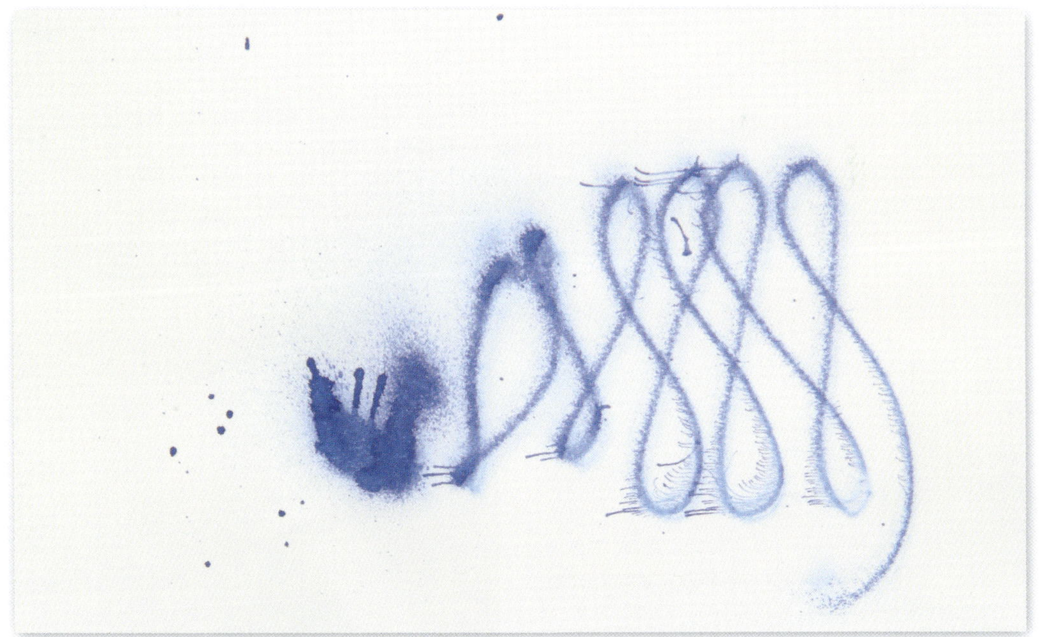

1.3-24 Auch dieses Spritzbild kann theoretisch mehrere Ursachen haben. Wieder könnte eine nicht richtig eingesetzte Nadel diesen zu großen Farbfluss verursachen. Der gesprenkelte Farbauftrag wäre dann auf einen zu geringen Luftdruck zurückzuführen. Tatsächlich aber befand sich die eben gezeigte, völlig kaputte Düse im Airbrush zusammen mit einer stark verbogenen Nadel. Die nach außen aufgeworfene Düsenwandung behinderte den Luftstrom so stark, dass er die austretende Farbe nicht mehr ausreichend fein zerstäuben konnte.

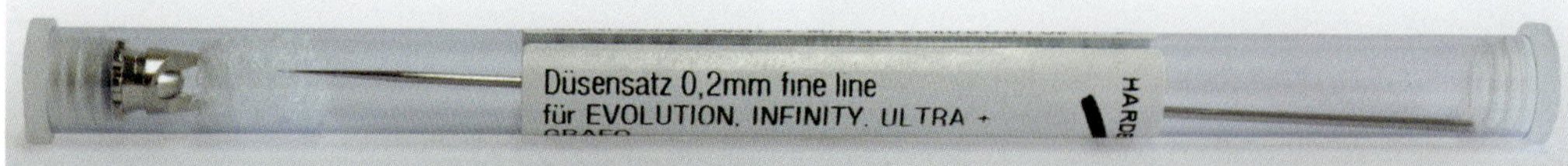

1.3-25 Im Schadensfall kann der Austausch der kompletten Baugruppe, bestehend aus Düse, Nadel und Saugkappe, ratsam sein. Gerade, wenn ein Herunterfallen des Geräts oder eine andere mechanische Einwirkung gravierende Schäden an diesen Bauteilen verursacht, sollte der Anwender davon ausgehen, dass alle Teile in Mitleidenschaft gezogen werden. Da die Düse, die Nadel und die Saugkappe möglichst präzise aufeinander abgestimmt sein müssen, um ein wirklich gutes Spritzbild zu gewährleisten, wird diese Baugruppe – je nach Hersteller – auch gleich als Set für verschiedene Bohrungsgrößen angeboten.

1.3-26 Kleine Luftblasen im Farbbehälter zeigen an, dass die eingesetzte Farbdüse nicht ausreichend abgedichtet ist. Die Druckluft, die beim Betrieb des Airbrushs um die Farbdüse herum an der Saugkappe austritt, kann in den Farbkanal gelangen, wenn die Düse nicht richtig abgedichtet in den Farbkanal eingesetzt ist. Je nach Bauweise des Spritzapparats wird die Düse in den Farbkanal hineingeschraubt oder hineingesteckt. Während die klassischen Schraubgewinde mit Farbe, Wachs oder einem anderen Dichtungsmittel abzudichten sind, besitzen die zeitgemäßen Steckdüsen Gummi- oder Teflondichtungen. Um bei gesteckten Düsen eine gute Dichtigkeit zu erlangen, müssen sie von der Saugkappe fest in den Farbkanal gedrückt werden. Zeigen sich die kleinen Blasen in der Farbe, ist die Saugkappe meist nicht ausreichend aufgeschraubt und wird nachgezogen. Bei eingeschraubten Düsen, bei denen das Gewinde abgedichtet werden muss, kann ein zu kräftiges Festziehen der Düse problematisch sein, weil die Gefahr besteht, Düse und Airbrush zu beschädigen. Dazu später mehr.

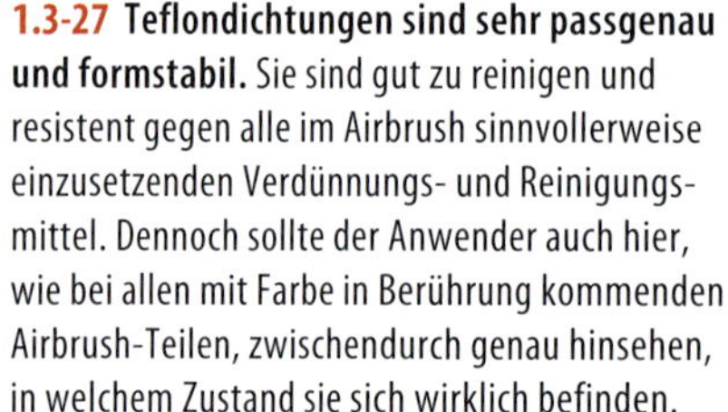

1.3-27 Teflondichtungen sind sehr passgenau und formstabil. Sie sind gut zu reinigen und resistent gegen alle im Airbrush sinnvollerweise einzusetzenden Verdünnungs- und Reinigungsmittel. Dennoch sollte der Anwender auch hier, wie bei allen mit Farbe in Berührung kommenden Airbrush-Teilen, zwischendurch genau hinsehen, in welchem Zustand sie sich wirklich befinden.

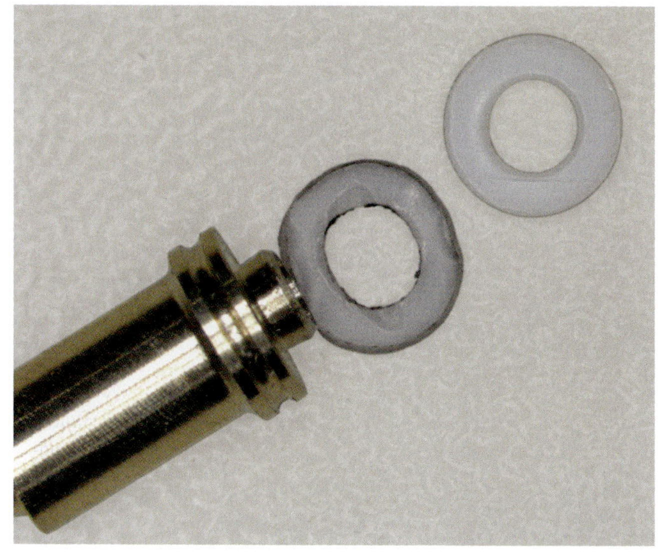

1.3-28 Auch Teflondichtungen nutzen natürlich ab und werden unansehnlich. Genauso wie Gummidichtungen sind sie beim ersten Sichtbarwerden von Materialermüdungen, Verschleiß oder Verformungen möglichst umgehend auszutauschen. Neue Dichtungen sollten immer als Ersatzteile bereitliegen.

1.3-29 Nach „fest" kommt „lose". Im Zusammenhang mit dem Düsenschlüssel bestätigt sich diese Binsenweisheit leider des Öfteren. Das Fußteil der Farbdüse reißt beim Einsetzen und Festziehen der Düse ab. Da Schraubdüsen recht klein sein können, ist beim Einschrauben und Abdichten der Düsen Fingerspitzengefühl gefragt.

Gleiches gilt für das Unterfangen, eine solche Farbdüse aus dem Airbrush herauszuschrauben. Hier kann ein zu fest (mit Farbe) verklebtes Gewinde dazu führen, dass der Düsenfuß abbricht und im Farbkanal verbleibt. Zur Reparatur des Farbspritzapparates bietet sich in beiden Fällen ein kleines Spezialwerkzeug an.

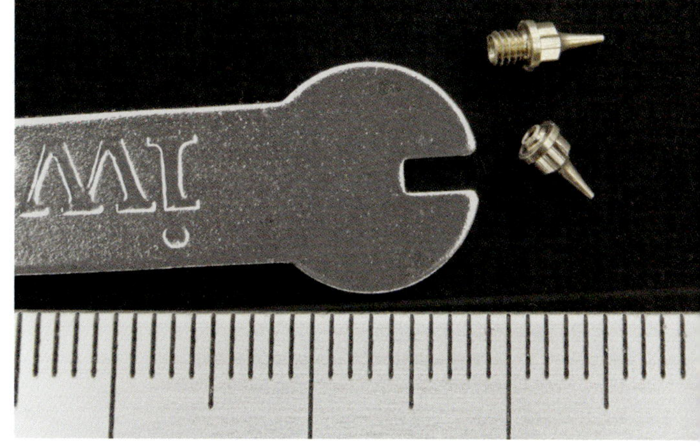

1.3-30 Das abgerissene Düsengewinde lässt sich meist mit einem sogenannten „Düsenentferner" herausdrehen. Dieses vorn dreiseitig spitz zulaufende, mit scharfkantigen Flanken versehene Werkzeug wird mittig in das im Farbkanal verbliebene Gewindestück hineingeschoben. Die scharfkantigen Flankenteile schneiden ein wenig in das Material des Düsenfußes hinein und geben ausreichend Halt zum anschließenden Herausschrauben des abgebrochenen Teils. Geschieht dies mit der nötigen Sorgfalt, wird dabei das Gewinde des Farbkanals meist nicht beschädigt.

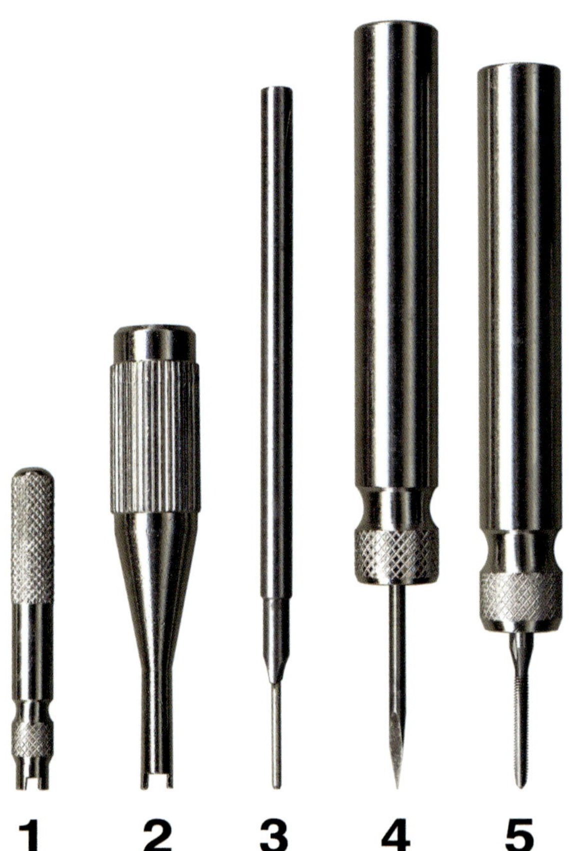

1.3-31 Für weitergehende Reparaturen und Wartungsarbeiten werden weitere Spezialwerkzeuge gebraucht. Als letztes Werkzeug im Düsenbereich gibt es natürlich den Gewindeschneider (**5**), für den Fall, dass das Gewinde im Farbkanal trotz allem einmal Schaden nimmt (etwas, das eher selten der Fall sein wird). Für Reparaturarbeiten mit dem Gewindeschneider sind natürlich entsprechend fundierte Vorkenntnisse nötig. Wer hier jedoch nicht über Erfahrung und eine feinmechanische Grundausstattung verfügt, sollte das Nachschneiden des Gewindes lieber einem Profi überlassen oder schauen, ob es nicht sinnvoller wäre, das Gerät gleich zu ersetzen.

Zu den bisher benutzten Werkzeugen gehören die Reinigungsbürsten, die Düsennadel, ein Düsenschlüssel und ein Düsenentferner (**4**). Angefangen beim Düsenschlüssel (**1**) können auch hier die hinzukommenden Spezialwerkzeuge für den Airbrush gerätespezifisch sein und deshalb ein recht unterschiedliches Aussehen haben. Dies gilt für den Ventilschlüssel (**2**), der für Arbeiten am Luftventil gedacht ist, ebenso wie für einen Schraubendreher zur Montage von Nadeldichtungen, auch „Nadelpackungsschlüssel" (**3**) genannt.

1.3-32 Angetrocknete Farbreste auf der Nadel beeinträchtigen die Nadelbewegung. Vielleicht ist in der Nadelbewegung auch noch gar kein Widerstand spürbar gewesen, aber es zeigen sich trotz sorgfältig ausgeführter Gerätereinigung festgewordene Farbrückstände am Ende des ersten Fünftels der Nadellänge (geschätzt, von der Spitze aus gesehen). Diese können ein Indiz dafür sein, dass Farbe vom Farbbecher aus an der Nadel entlang in Richtung Bedienungshebel läuft. Damit besteht zum einen die Gefahr, dass die Nadel im Bereich der Nadeldichtung schwergängig wird und verklebt. Zum anderen können festgetrocknete Farbreste die Dichtung, abhängig von der verwendeten Farbe, aufreiben. Auch kommt es zu Funktionsstörungen und aufwendigeren Reinigungsarbeiten, wenn die Farbe bis zur Mechanik des Bedienhebels gelangt und diese, oder die Mechanik des Luftventils, verunreinigt.

Die Nadeldichtung, auch als Nadelpackung bezeichnet, umgibt als Dichtung die Nadel zwischen Farbbehälter und Bedienungshebel. Ihre Aufgabe ist es, die an der Nadel befindliche Farbe beim Zurückziehen der Nadel abzustreifen, sodass die Farbe nicht in den Bereich des Bedienungshebels gelangen kann. Gehalten wird die Nadelpackung, die aus einem oder mehreren Dichtungsringen besteht, durch die Packungsschraube, die nach der Demontage aller Airbrush-Teile entlang der Gehäuseachse von hinten durch das Airbrush-Gehäuse zugänglich ist. Die Packungsschraube drückt in eingebautem Zustand auf die jeweilige Nadelpackung und ist dadurch ausschlaggebend für die Wirkungsweise dieser Dichtung, wenn das Packungsmaterial einwandfrei ist. Ein Herausnehmen der Nadelpackung wird deshalb nur erforderlich, wenn sich eine zufriedenstellende Funktion auch durch Nachspannen der Packungsschraube nicht mehr erreichen lässt.

1.3-33 Um an die Packungsschraube zu gelangen, müssen mehrere Bauteile aus dem Airbrush-Gehäuse ausgebaut werden. Nach dem Entfernen von Nadel, Düse und Saugkappe wird dazu das Nadelfedergehäuse nach hinten aus dem Gerät (hier Harder & Steenbeck ***Evolution***) herausgedreht. Dies ist auch dann erforderlich, wenn die Nadelführung gewartet oder instand gesetzt werden muss. Ein Indiz dafür ist hier eine ebenfalls nicht mehr gleichmäßig leicht auszuführende Hebelbewegung, die auf ein „Haken" der Nadel schließen lässt.

Ein solches „Haken" mag sich auch dadurch bemerkbar machen, dass die Nadelrückholfeder eine zurückgezogene Nadel nicht mehr wie gewohnt nach vorn zu schieben vermag. Abhilfe schafft dann das Säubern und Ölen / Fetten der Nadelführung, die mit dem Nadelfedergehäuse aus dem Airbrush herausgenommen wird. Bei älteren Spritzapparaten kann darüber hinaus das Erneuern der Feder sinnvoll sein.

Auf den Ausbau des Nadelfedergehäuses folgt das Herausnehmen des Bedienhebels aus dem Airbrush-Gehäuse. Im Bereich des Bedienhebels zeigen sich deutliche konstruktive Unterschiede zwischen den einzelnen Farbspritzapparaten. Im Mittelpunkt stehen die Fragen, auf welchem Wege Nadelführung und Bedienhebel aufeinander einwirken und wie der Bedienhebel das darunter liegende Luftventil betätigt. Beim Demontieren des Nadelfedergehäuses und des Bedienhebels gilt es also genau aufzupassen, wie diese Bauteile ineinandergreifen, denn die Bedienungsanleitungen sind in diesen Punkten meist wenig hilfreich.

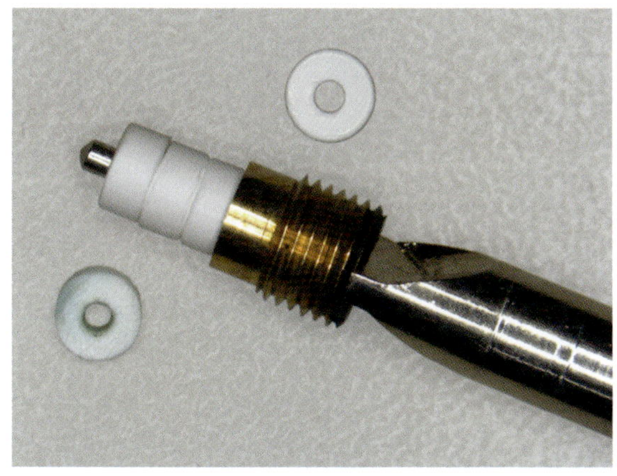

1.3-34 Zum Nachspannen und Einsetzen neuer Dichtungsringe dient der „Nadelpackungsschlüssel". Dieser Schraubendreher zur Montage von Nadeldichtungen besitzt eine Stange, die die Dichtungsringe und die Packungsschraube beim Einsetzen oder Herausnehmen trägt. Der eigentliche Schraubendreher befindet sich unmittelbar am Ende des Griffstücks und wird in die Packungsschraube eingesetzt.

Art und Anzahl der einzusetzenden Dichtungsringe variieren von Gerät zu Gerät. Das bedeutet, dass sie zum jeweiligen Gerät passen müssen und dementsprechend über den Fachhandel (Hersteller) bezogen werden. Nach dem Einsetzen der Dichtungen mit dem Nadelpackungsschlüssel werden diese durch die Packungsschraube im Gehäuse gehalten und zusammengedrückt. Durch das Zusammendrücken der Dichtungsringe wird sichergestellt, dass sie ihre Funktion wirklich erfüllen und keine Farbe entlang der Nadel nach hinten, also in Richtung Bedienhebel, gelangen kann. Damit wird aber gleichzeitig die Leichtgängigkeit der Nadelbewegung verringert. Bevor der Airbrush wieder zusammengesetzt wird, gilt es also, durch ein vorsichtiges Hineinschieben der Nadel (von vorn!) sicherzustellen, dass ein wenig Widerstand vorhanden, dieser aber nicht zu groß ist.

Bei historischen Geräten kann die Nadelpackung sogar aus kleinen Lederscheiben bestehen, die vor dem Einsetzen in das Gehäuse noch gut gefettet werden müssen. Ansonsten dringt Farbe in das Leder ein und lässt dieses hart, also als Dichtung unbrauchbar werden.

1.3-35 Undichtigkeiten und Funktionsstörungen kann es natürlich auch bei den „Luftwegen" im Airbrush geben. Altersschwache Dichtungen, nachlässig verschraubte Bauteile, Verschmutzungen im Luftsystem oder am Bedienungshebel und defekte Teile können sich auf unterschiedlichste Weise bemerkbar machen. Abgesehen von Undichtigkeiten der Luftkappe und der Düse sind die Fehler bei einem Double-action-Airbrush (unabhängige Doppelfunktion) dann auf der horizontalen Achse vom Bedienhebel zum Stecknippel zu finden.

Zum Herausnehmen des Bedienhebels muss die Nadel, die durch ihn hindurchreicht, nach vorn hinausgezogen werden. Anschließend wird die Nadelführung nach hinten zurückgeschraubt / zurückgezogen, damit sie den Hebel nicht mehr direkt oder indirekt nach vorn in seine Ruheposition drückt. Meist lässt sich der Bedienhebel jetzt leicht aus dem Gehäuse nehmen, doch ist es bei manchen Geräten (und fehlender Schnittzeichnung) ratsam, sich vorher genau anzuschauen, wie der Hebel und gegebenenfalls dazugehörige Teile im Gerät verbaut waren.

Sobald sich der Bedienhebel nicht mehr im Airbrush-Gehäuse befindet, wird überprüft, ob der Hebel wirklich sauber und die einzelnen Gelenkverbindungen – soweit vorhanden – leichtgängig sind oder gereinigt und mit etwas Öl geschmiert werden müssen. Auch die Innenwände der Gehäuseöffnung, die den Bedienhebel im eingebauten Zustand umgeben, haben selbstverständlich absolut sauber zu sein und können, gerade wenn der Bedienhebel und die Nadelführung ausgebaut sind, gut gereinigt werden.

Nach dem Abschrauben des Stecknippels für die Schnellkupplung (oder dem Abdrehen des Schlauchanschlusses) liegt die Bodenplatte des Luftventils frei. Diese in den Ventilkörper hineingeschraubte Platte lässt sich mit einem geeigneten Schraubendreher oder einem speziellen Ventilschlüssel hinein- oder herausschrauben. Die Nadelfeder, mit der die Ventilstange im Ventilkörper nach oben gegen den Bedienhebel gedrückt wird, erhält ihre Spannung durch die Bodenplatte. Je weiter die Bodenplatte in den Ventilkörper hineingedreht ist, desto kräftiger drückt die Ventilfeder die Ventilstange nach oben.

Ein Dichtring auf der Ventilstange und ein weiterer im Kopf des Ventilkörpers sorgen für eine Unterbrechung der Luftzufuhr und für Dichtigkeit nach oben zum Bedienhebel. Diese Dichtungen lassen sich nach dem Herausnehmen der Bodenplatte respektive des Ventilkörpers leicht auswechseln. Das Gleiche gilt natürlich für die Ventilfeder.

Nach dem Einbau des Luftventils und dem Wiedereinsetzen des Bedienhebels wird durch ein Verdrehen der Bodenplatte der Druck auf den Bedienhebel nachjustiert. Das Herunterdrücken des Hebels sollte dabei als möglichst angenehm gleitend empfunden werden (hier beispielhaft die Harder & Steenbeck ***Evolution***).

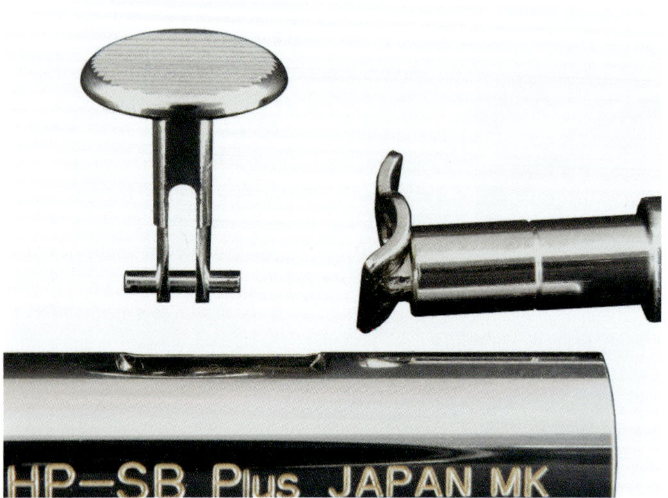

1.3-36 Die einzelnen Bauteile eines Airbrushs können sich von Hersteller zu Hersteller durch ihre Konstruktion deutlich voneinander unterscheiden. Die Bedienhebel sind für diese Feststellung ein sehr augenfälliges Beispiel (hier um 90° zur Einbaurichtung verdreht), wie auch die jeweils benötigten Spezialwerkzeuge, speziell für den Bereich des Luftventils. Richtig kompliziert wird es aber bei den wenigsten Spritzapparaten und es sind eher historische Geräte, deren Instandsetzung eine intensivere Beschäftigung mit dem Airbrush und den dazugehörigen Werkzeugen verlangt (hier die iwata HP-SB Plus).

1.3-37 Manchem Airbrush kann auch aus ganz anderen Gründen „die Luft wegbleiben". Gemeint ist hier die Luft, die in geschlossene Farbbecher gelangen muss, damit durch die vom Airbrush angesaugte Farbe kein Unterdruck entsteht. Ein Unterdruck im Farbbehälter drosselt die weitere Farbzufuhr und unterbricht sie schließlich. Um die Luftzufuhr in den geschlossenen Airbrush-Farbbechern sicherzustellen, haben die Deckel für die oben liegenden Farbbehälter (Fließsystem) kleine Bohrungen. Bei seitlich oder von unten angeschlossenen Bechern / Gläsern (Saugsystem) gibt es entweder auch eine Bohrung oder eine feine Luftzuführung direkt am Verbindungsstück. Entscheidend ist, dass diese Luftzufuhr stets offen, also nicht durch angetrocknete Farbreste oder Ähnliches verstopft ist. Zum Säubern können die Reinigungswerkzeuge der Farbdüse oder auch eine alte Nadel zum Durchstoßen der Bohrungen benutzt werden.

1.3-38 Die vom Airbrush benötigte Druckluftversorgung stammt meist von einem elektrisch betriebenen Atelierkompressor. Auch an einem solchen Kompressor sind natürlich Wartungsarbeiten (siehe auch Abschnitt „Damit es weitergeht") und – eher selten – Reparaturen auszuführen. Defekt sein können der Druckminderer mit dem Wasserabscheider, die Schlauchverbindungen, das Rückschlagventil, der Betriebsschalter (von dem auch die druckabhängige Motorsteuerung ausgeht) und der Motor inklusive der dazugehörigen Anschlüsse. Vor Reparaturarbeiten an einem solchen Kompressor ist natürlich der Netzstecker des Gerätes aus der Steckdose zu ziehen, und alle weitergehenden Sicherheitshinweise des Herstellers sind unbedingt zu beachten. Zudem sollte der Anwender über handwerkliches Geschick, das nötige Werkzeug und ausreichend Erfahrung verfügen, wenn er Reparaturen am Kompressor ausführen möchte. Ersatzteile wird er ohnehin über den Fachhandel oder den Hersteller beziehen müssen und dort wird er gegebenenfalls auch erfragen können, wer Geräte dieser Art fachgerecht instand setzt.

1.3-39 Alle Bauteile des Kompressors sind in der Regel leicht zugänglich. Manche Kompressoren werden mit einem Stahlblech kastenförmig verkleidet. Diese Verkleidung ist lediglich mit ein paar Schrauben gehalten und lässt sich schnell abnehmen.

Gleich vorn am Ausgleichstank ist der Druckminderer angebracht. Sollte er defekt sein, lässt er sich leicht vom Lufttank abschrauben und ersetzen (Druckminderer gibt es sowohl als Ersatz- wie auch als Zubehörteil). Leicht abschrauben lässt sich auch das Rückschlagventil, das hinter dem Druckminderer links am Betriebsschalter eingeschraubt ist.

1.3-40 Auch ölige Verschmutzungen können dazu führen, dass das Rückschlagventil nicht mehr einwandfrei funktioniert. Das Ventil lässt sich dahingehend leicht überprüfen, denn es kann mit ein paar Handgriffen ausgebaut und zerlegt werden. Nach einer gründlichen Reinigung gegebenenfalls noch die Gummidichtungen ersetzen, um dann das Rückschlagventil zum Prüfen wieder einzusetzen – so steht schnell fest, ob wirklich ein Ersatzventil gebraucht wird.

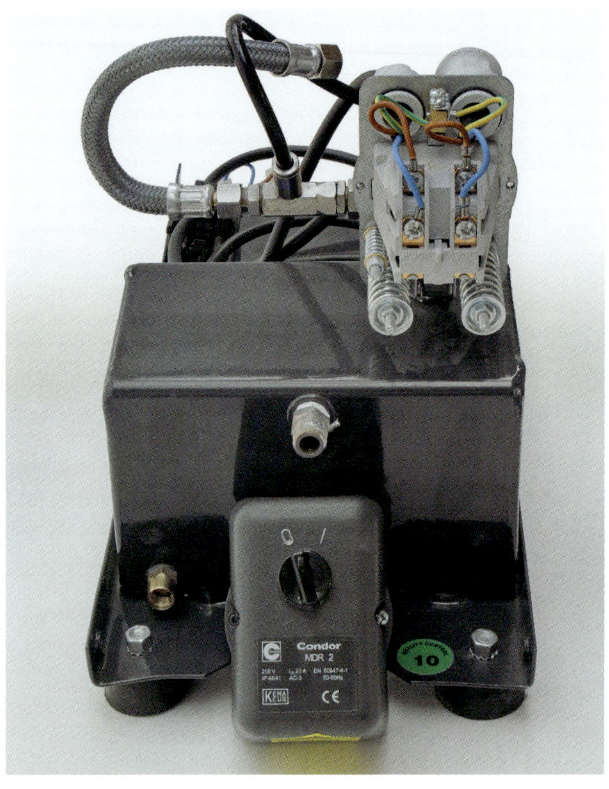

1.3-41 Die Anschlüsse des Betriebsschalters liegen nach dem Abnehmen des Deckels offen zum Überprüfen. Es zeigt sich, dass auch ein Austauschen des Schalters mit geringem Aufwand möglich ist. Da zudem der Motor von der Bodenplatte abgenommen wurde, ist außerdem gut zu erkennen, wie unproblematisch das Austauschen der Schläuche, sollten sie undicht sein, wäre.

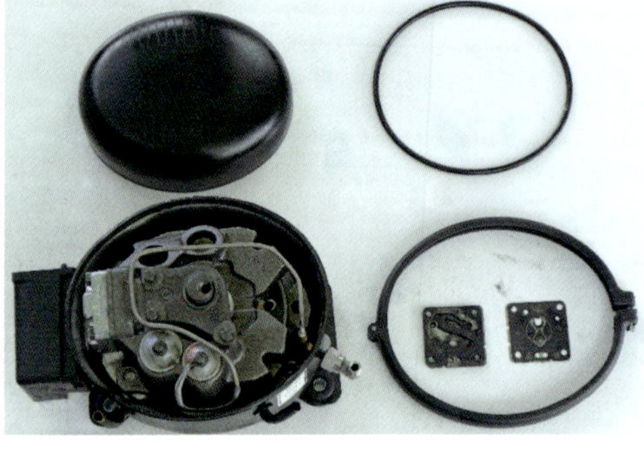

1.3-42 Den Motor halten in der Regel vier Schrauben auf der Bodenplatte oder auf dem Tank. Ein Grund, ihn herunterzunehmen, kann der folgende sein: Der Ölstand liegt über der Höchststandmarke des Schauglases, was bedeutet, dass Öl abgelassen werden muss, da sonst die Gefahr besteht, dass der Kompressor ernsthaft Schaden nimmt. Sobald der Motor nach oben abgenommen wurde, kann der Motordeckel entfernt werden, wenn die Schelle für den Motordeckel gelöst ist. Das Aggregat wird jetzt geneigt, wobei der Motorblock mit der freien Hand festgehalten werden muss. Den Motor dabei auf keinen Fall abrupt auf den Kopf stellen, sondern nur so weit neigen, dass das überschüssige Öl abfließt!

Vor dem Wiederverschließen mit dem Deckel ist der Zustand des O-Rings am Motorgehäusedeckel zu kontrollieren. Beim anschließenden Aufsetzen des Deckels ist darauf zu achten, dass der intakte O-Ring richtig sitzt und eine hundertprozentige Abdichtung gewährleistet. Auf das Festziehen der Schelle folgt das Aufsetzen und Anschrauben des Motors auf die Bodenplatte oder den Tank.

1.3-43 Ein weiterer Grund für das Öffnen des Motorgehäuses sind defekte Ventilplatten. Beim seitlichen Blick auf das geöffnete Aggregat zeigt der vorn liegende Deckel, wo die neuen Ventilplatten, die es für viele Kompressoren als Ersatzteilsets gibt, verbaut werden. Zwei alte Ventilplatten sind auf dem Foto 1.3-42 innerhalb der zur Seite gelegten Schelle zu sehen und zeigen deutlich, welch starke Ablagerung durch öligen Schmutz auf den Platten entstehen kann.

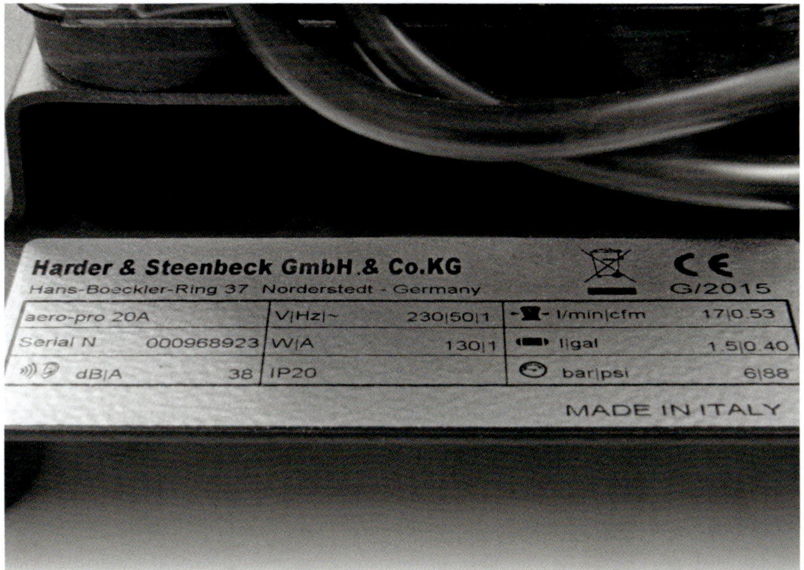

1.3-44 Das Typenschild dokumentiert wichtige Informationen für die Ersatzteilbestellung. Bei diesem Gerät befindet sich ein Aufkleber am hinteren Ende der Bodenplatte, unterhalb des Motors. Typbezeichnung, Seriennummer und Baujahr sind dort neben einer Reihe technischer Daten zu finden und machen eine präzise Ersatzteilbestellung möglich.

Gewusst was Hintergrundwissen

Der Airbrush

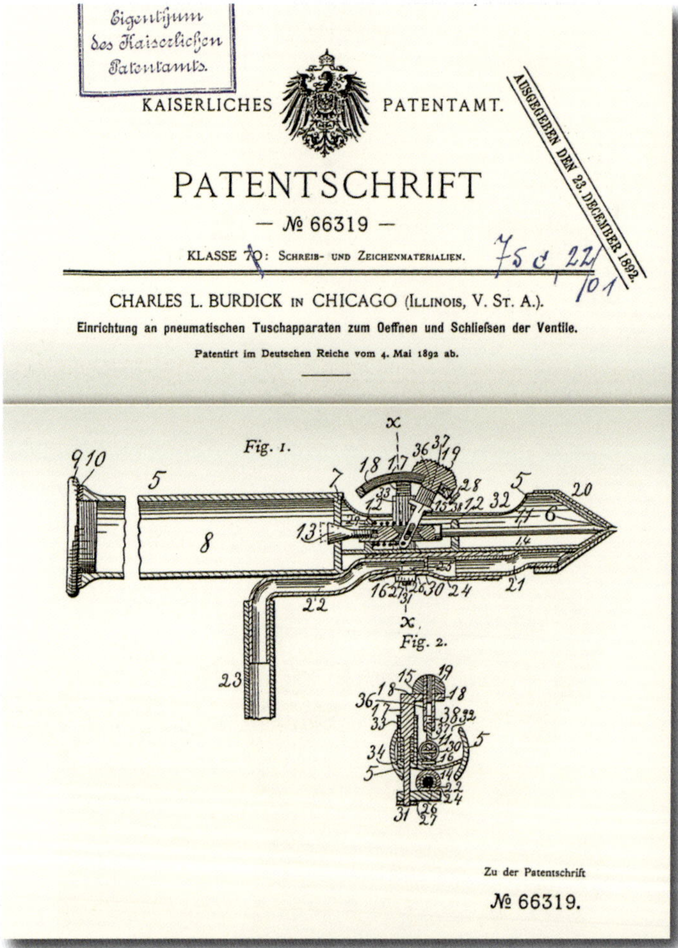

Eigenthum des Kaiserlichen Patentamts.

KAISERLICHES PATENTAMT.

AUSGEGEBEN DEN 23. DECEMBER 1892.

PATENTSCHRIFT

— № 66319 —

KLASSE 70: Schreib- und Zeichenmaterialien.

CHARLES L. BURDICK in CHICAGO (Illinois, V. St. A.).

Einrichtung an pneumatischen Tuschapparaten zum Oeffnen und Schliefsen der Ventile.

Patentirt im Deutschen Reiche vom 4. Mai 1892 ab.

Fig. 1.

Fig. 2.

Zu der Patentschrift

№ 66319.

1.4.1-01 Welche Konstruktionsprinzipien liegen dem Airbrush zugrunde? Im Mittelpunkt unseres Interesses stehen hier die klassischen, in der Kunst und in der Modellgestaltung gebräuchlichsten Spritzapparate, da sie in allen dafür relevanten Arbeitsgebieten Verwendung finden und vom eigentlichen Spritzvorgang her prinzipiell gleichartig zu handhaben sind.

Zum Begriff „Airbrush": Diese international übliche Bezeichnung wird zum Teil recht diffus verwendet, manchmal synonym für alle kleineren Farbspritzapparate. Nimmt man die Übersetzung „Luftpinsel" wörtlich, so wird allein durch den Wortteil „Pinsel" eine Vielfalt angedeutet. Denn ähnlich den verschiedenen Pinseltypen und -größen für die vielfältigsten Anwendungen gibt es unter der Bezeichnung Airbrush ebenfalls eine beträchtliche Anzahl unterschiedlichster Farbspritzapparate, deren nähere Charakterisierung und Zuordnung nur durch das Hinzufügen technischer Begriffe möglich ist. Ein Airbrush wird deshalb meist durch seine „Hebelfunktion" und andere technische Details, wie etwa den Durchmesser der Farbdüsen, näher benannt.

Während in den folgenden Abschnitten diese technischen Detailbegriffe aus dem Verständnis für die jeweiligen Funktionszusammenhänge heraus ausführlich dargestellt und erläutert werden, wird anhand von Konstruktionsmerkmalen auch eine etwas schärfere Eingrenzung der Bezeichnung Airbrush für die angesprochenen Anwendungsbereiche vorgenommen.

1.4.1-02 Durch die Art, in welcher die Farbe ihrem Transportmittel, also dem Luftstrom, zugeführt wird, unterscheiden wir grundsätzlich zwei Gerätegruppen. Diese Unterscheidung, die sich an der Frage orientiert, ob die Farbe mit dem Luftstrom aus dem Gerät austritt (internal-mix) oder durch den Luftstrahl erst außerhalb aufgenommen wird (external-mix), scheint im ersten Moment rein technischer Natur zu sein. Bei näherer Betrachtung ergeben sich in der Praxis, insbesondere bei feineren Arbeiten, jedoch deutliche Qualitätsunterschiede bei dem zu erzielenden Farbauftrag.

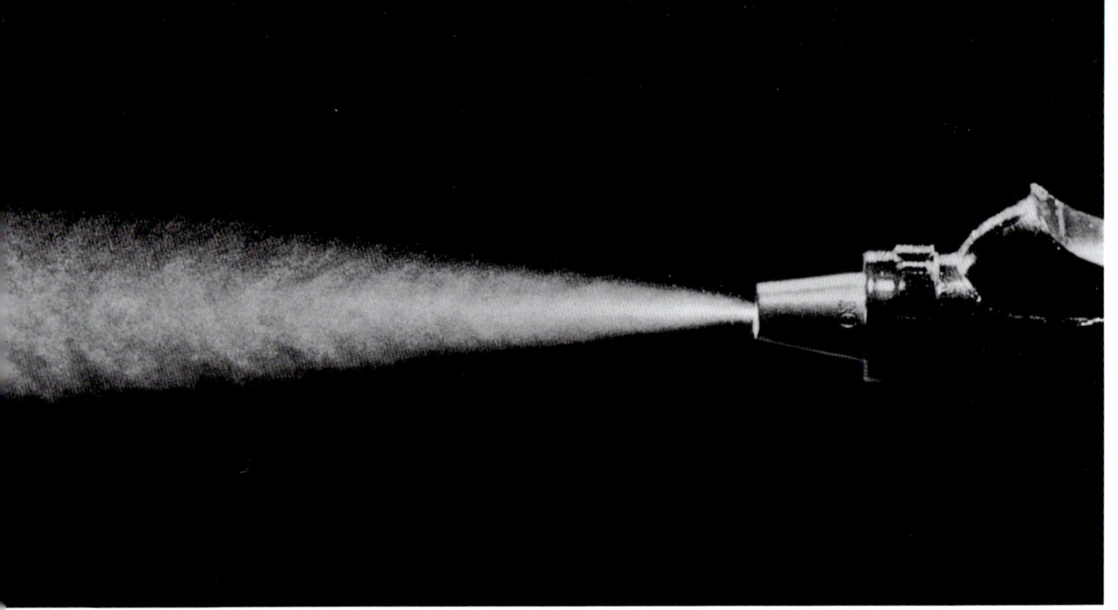

1.4.1-03 und 1.4.1-04 Qualitätsunterschiede im Sprühstrahl sind vor dunklem Hintergrund gut zu erkennen. Obwohl der Airbrush (internal-mix) wesentlich näher an der Kamera ist, zeigt er doch einen deutlich feineren Sprühstrahl als das in der ersten Gegenüberstellung schon gezeigte external-mix-Gerät. Die Möglichkeit, bestimmte Gerätegruppen anhand der qualitätsbezogenen Aussage zum Farbauftrag zu unterscheiden, führt zu einer inhaltlich etwas enger umrissenen Fassung des Begriffs Airbrush.

Zum einen wird damit vermieden, sich um zweckentfremdete Parfumzerstäuber kümmern zu müssen, zum anderen wird für den „Luftpinsel" herauskristallisiert, was für einen vernünftigen (Künstler-) Pinsel die Qualitätsnorm ist: nämlich einen – so gewünscht – sehr fein verteilten, gleichmäßigen und während des Arbeitens gut zu steuernden(!) Farbauftrag zu schaffen. Deshalb bleibt die Bezeichnung Airbrush allein den Geräten vorbehalten, bei denen die Farbe mit dem Luftstrom (internal-mix)

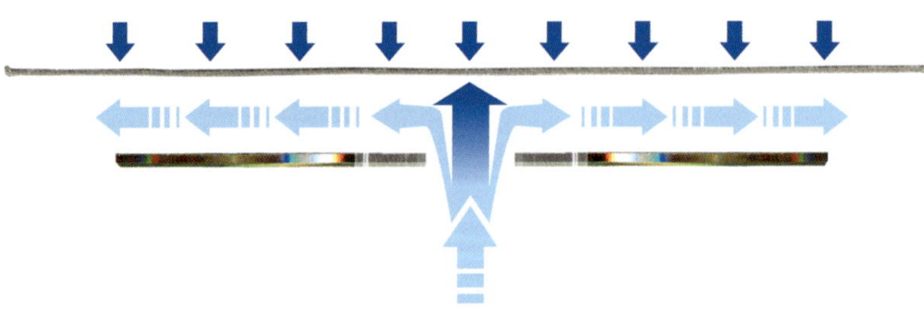

1.4.1-05 Das zugrunde liegende Funktionsprinzip (Bernoullisches Prinzip). Die Aufschlüsselung des Funktionsprinzips, auf dem die Airbrush-Technik beruht, wird mit einem kleinen praktischen Versuch begonnen, dessen Verlauf das grundlegende „Geheimnis" des Airbrushs veranschaulicht. Benötigt werden dazu lediglich eine CD, DVD oder eine andere Scheibe mit einer Öffnung in ihrem Zentrum und ein Bogen Papier, der auf die Mitte der waagerecht zu haltenden Scheibe gelegt wird. Durch die Aussparung in der Scheibe soll nun von der Unterseite aus versucht werden, das Papier nach oben hin wegzublasen. Dies wird auch bei Zuhilfenahme von Druckluft mit hohem Druck unmöglich bleiben: Der Bogen hebt sich nur leicht und scheint dann auf einem Luftkissen zu „kleben".

Die Erklärung dieses Phänomens formulierte der Schweizer Physiker Daniel Bernoulli Ende des 18. Jahrhunderts in der nach ihm benannten Bernoullischen Gleichung. Diese Gleichung (auch Bernoullisches Prinzip genannt) besagt, dass der seitlich wirksame Druck eines strömenden Mediums mit steigender Strömungsgeschwindigkeit abnimmt. Der auf das Papier treffende Luftstrahl hebt dieses an und wird durch den Bogen abgelenkt. Durch diese nun parallel zum Papier verlaufende Luftströmung ist der Druck an der Unterseite des Bogens aber geringer als der auf der Gegenseite des Blattes herrschende atmosphärische Luftdruck, sodass der auf das Papier treffende Luftstrom den Bogen nicht höher anzuheben vermag.

austritt. Farbspritzapparate, deren Sprühstrahl im external-mix entsteht, werden dagegen als „einfache Spritzgeräte" oder „Druckluftzerstäuber" bezeichnet.

Die Übernahme der englischen Bezeichnung Airbrush deutet in diesem Kontext auf eine weitere Problematik hin: Es gibt im Deutschen bisher keine adäquate, d.h. auch gebräuchliche Übersetzung dieses Begriffs. Das Wort „Luftpinsel" wird eher zum Spaß verwendet. Der in diesem Zusammenhang häufig verwendete Ausdruck „Spritzpistole" erweist sich gleich in mehrfacher Hinsicht als problematisch. So wird einerseits durch die Bezeichnung „Pistole" die Hebelfunktion des betreffenden Farbspritzapparates als eine einfache (siehe Seite 55: „Die einfache Hebelfunktion") gekennzeichnet, andererseits kann als mögliche Übersetzung des englischen Begriffs „spray gun" ein einfaches Spritzgerät (siehe Seite 49) gemeint sein. Im Folgenden wird deshalb auf die Verwendung des Ausdrucks „Spritzpistole" völlig verzichtet.

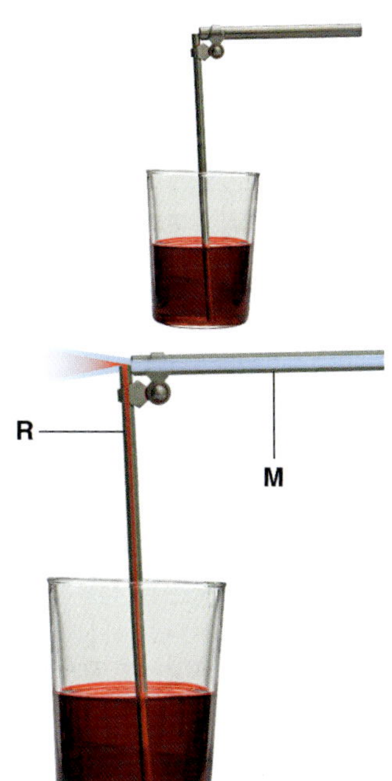

1.4.1-06 Die altbewährte Fixativspritze stellt die wohl einfachste Nutzungsform dieses Phänomens der saugenden Wirkung eines Luftstroms dar. Bei diesem Mundzerstäuber, bekannt als Hilfsmittel zum Fixieren von Kohle- und Kreidezeichnungen, saugt die beim Blasen durch das Mundstück (M) über das Ansaugrohr (R) gelenkte Luft eine Flüssigkeit an, die dann am oberen Ende des Rohres zerstäubt und mitgerissen wird.

Dieses Ansaugen, Zerstäuben und Mitreißen ist auch das Funktionsprinzip eines Airbrushs. Alle weiteren Konstruktionsmerkmale der Geräte dienen je nach Bauart größtenteils nur einer mehr oder minder genauen Steuerung dieses Ablaufs. Steuerbar wird der genannte Vorgang durch ein regulierendes Einwirken auf die beiden maßgeblichen Komponenten Luft und Flüssigkeit.

Der für die Luft in erster Linie bedeutsame Faktor ist der Druck, der notwendig ist, um die jeweils erforderliche Strömungsgeschwindigkeit zu erreichen (das Vorhaben, mit einer Fixativspritze wie der beschriebenen eine größere Fläche zu bearbeiten, demonstriert diese Abhängigkeit recht „atemberaubend"). Bestimmend für die durch einen vorgegebenen Druck zu erzielende Strömungsgeschwindigkeit ist dabei der Durchmesser der Luftaustrittsöffnung.

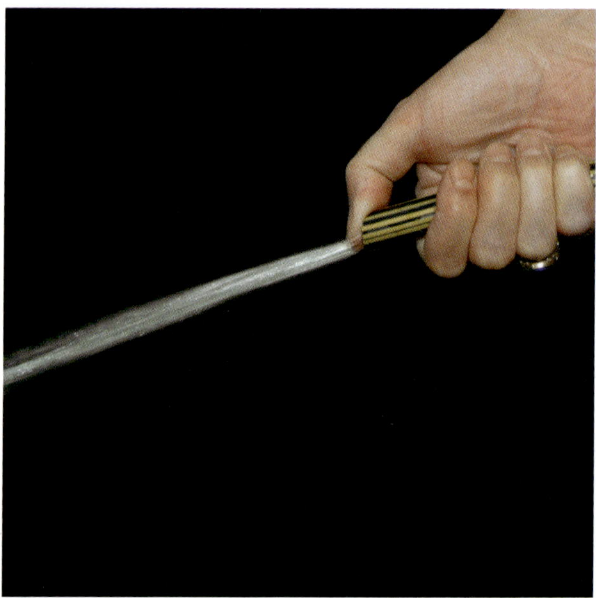

1.4.1-07 und 1.4.1-08 Ein Verengen der Austrittsöffnung erzeugt eine höhere Strömungsgeschwindigkeit. Vom Beispiel des einfachen Gartenschlauchs her wird dieser Zusammenhang sicherlich jedem bekannt sein: Läuft Wasser mit nur geringem Druck aus einem Schlauch, so lässt sich durch teilweises Verschließen der vorderen Öffnung ein scharfer Strahl erzeugen. Das Einsetzen einer Düse in die Luftaustrittsöffnung eines Spritzapparats bewirkt somit zweierlei: Einerseits wird ein „schärferer" Luftstrahl und in der Folge ein für die Praxis brauchbares Spritzbild erzeugt, andererseits steigt durch die zunehmende Strömungsgeschwindigkeit die Ansaugkraft in dem für die zu verarbeitenden Farben notwendigen Maß, ohne dass ein sehr hoher Arbeitsdruck erforderlich ist.

1.4.1-09 Einfache Farbspritzgeräte: Druckluftzerstäuber. Die konstruktive Grundlage für die Herstellung eines simplen Druckluftzerstäubers bildet im Prinzip eine Fixativspritze, deren Mundstück mit einer Düse und einem Druckluftanschluss versehen ist.

Bei diesen einfachen, auch als „spray gun" bezeichneten Spritzgeräten ist in das mit einem Gehäuse **(G)** ummantelte „Mundstück" **(L)** lediglich ein Bedienungshebel **(H)** zum Freigeben oder Unterbrechen der Luftzufuhr eingefügt; auf das Ansaugrohr **(R)** wurde eine weitere Düse **(D)** gesetzt, um die bestmögliche Farbzufuhr aus dem am Gerät befestigten Farbbehälter **(B)** in den Luftstrahl zu gewährleisten (Modell von Humbrol).

Eine am Farbspritzapparat selbst vorzunehmende Einflussnahme auf das erzeugte Spritzbild – also auf den Farbauftrag, der durch das Auftreffen des Sprühstrahls auf dem jeweiligen Spritzgrund entsteht – bieten bei den einfachen Spritzgeräten verstellbare Düsen. Da es hierbei im Wesentlichen um die Farbmenge geht, die vom Luftstrahl aufgenommen wird, gibt es zwei Möglichkeiten, diesen Vorgang zu steuern: Abhängig von der spezifischen Bauart eines Spritzgeräts wird entweder der Abstand der Düsen zueinander verändert, oder der maximale Farbfluss kann direkt mit der Farbdüse gedrosselt werden.

Ausschlaggebend für die erste Steuerungsart ist die Gesetzmäßigkeit, mit der ein Luftstrahl, der sich nach seinem Austritt aus der Luftdüse kegelförmig ausbreitet, bei zunehmender Distanz zur Düse an Strömungsgeschwindigkeit verliert. Daraus ergibt sich eine entsprechende Verringerung der Ansaugkraft, die bei einer darauf abgestimmten Düsenstellung eine Abnahme der angesaugten Farbmenge zur Folge hat. In der Praxis erweist sich der Spielraum einer solchen Steuerungsmethode jedoch als relativ gering: Zum einen erfordert ein einigermaßen zufriedenstellendes Zerstäuben der Farbe eine ausreichende Strömungsgeschwindigkeit, zum andern bleibt aber der Düsendurchlass konstant, der, um den Einsatz verschiedenster Farbarten zu gewährleisten, meist relativ groß ist. Die für eine gute Zerstäubung notwendige Strömungsgeschwindigkeit bewirkt also, je nach Art der verwendeten Farbe und deren Verdünnung, das Ansaugen einer bestimmten Farbmenge, die nicht weiter gedrosselt werden kann.

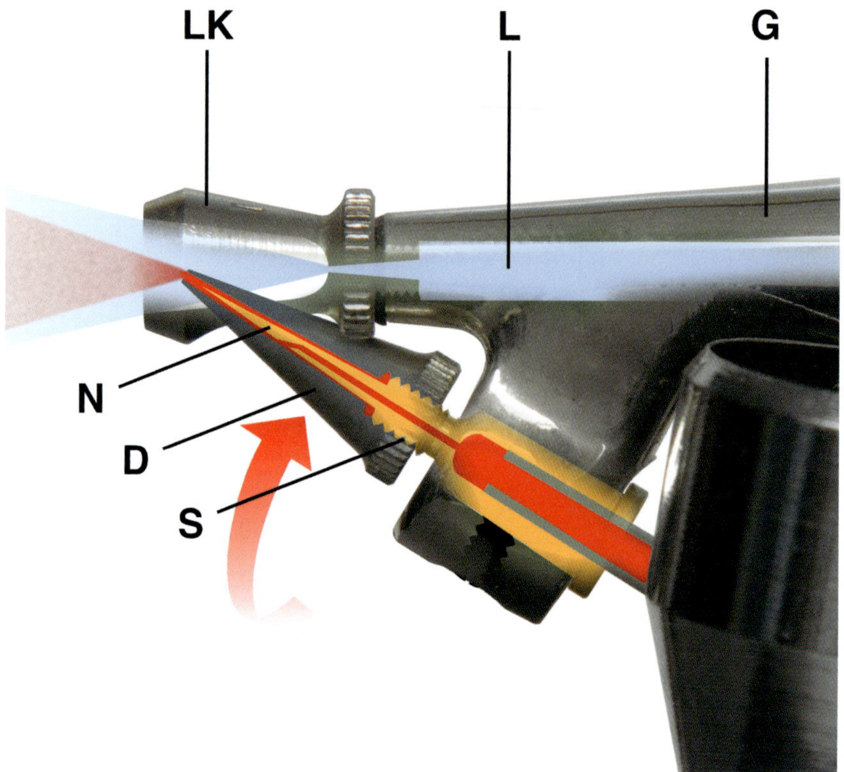

1.4.1-10 Druckluftzerstäuber mit Drosselung des Farbflusses. Diese zweite Steuerungsart erscheint in dieser Hinsicht vorteilhafter. Die an der Öffnung der Farbdüse wirksamen Komponenten Strömungsgeschwindigkeit / Ansaugkraft können ihren durch die Bauart des Gerätes bestimmten bestmöglichen Wirkungsgrad beibehalten, während die angesaugte Farbmenge innerhalb der Düse drosselbar ist. Die Drosselung des Farbflusses erfolgt dabei mittels einer in die Düse hineinreichenden „Zunge" oder Nadel. Im einfachsten Fall sitzt die Farbdüse (**D**) auf einem Schraubgewinde (**S**) und lässt sich darauf in ihrer Position zur zungenartigen, fest mit dem Gehäuse verbundenen Nadel (**N**) variieren. Dies gestattet eine Veränderung des Düsenquerschnitts und so, je nach Stand der Düse auf dem Gewinde, ein Steigern oder Verringern der austretenden Farbmenge.

Derartige Druckluftzerstäuber eignen sich in der Regel trotz einer solchen Steuerungsmöglichkeit nur zum Ausführen flächiger Farbaufträge; für kleinere Detailarbeiten, die einen feineren Farbauftrag erfordern, sind sie häufig schon durch die Tröpfchengröße der Farbe im Sprühstrahl ungeeignet. Zu den Ursachen für diese „zu großen" Tröpfchen gehört die erwähnte kegelförmige Ausbreitung des Luftstroms nach Austritt aus der Luftdüse. Merklich feinere Spritzbilder sind deshalb meist mit Geräten zu erzielen, die die Ausdehnung des Luftstrahls nach Verlassen der Düse über den Bereich der Farbdüse hinaus begrenzen. Dies geschieht durch eine aufgesetzte und als Luftkappe bezeichnete Verlängerung des eigentlichen Gehäuses.

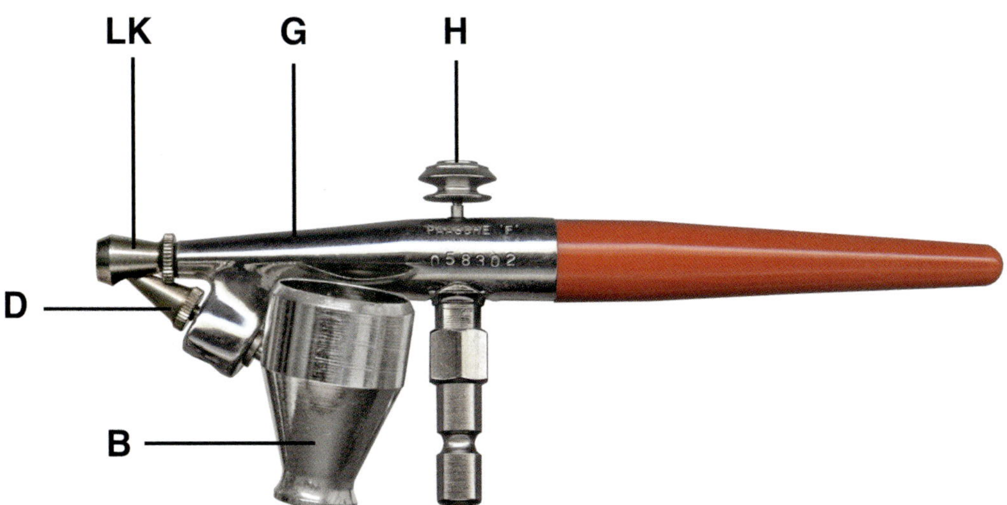

1.4.1-11 Ein Verändern des Sprühstrahls während des Spritzens ist kaum möglich. Der Blick auf das betriebsbereite Gerät als Ganzes (Paasche „F") zeigt, dass eine Feinjustierung der Farbdüse **(D)** eigentlich nur im Ruhezustand erfolgen kann. Nach jeder Veränderung der Einstellung ist dann mittels einer Spritzprobe auf einem entsprechenden Untergrund zu überprüfen, ob der Farbauftrag die gewünschte Qualität besitzt.

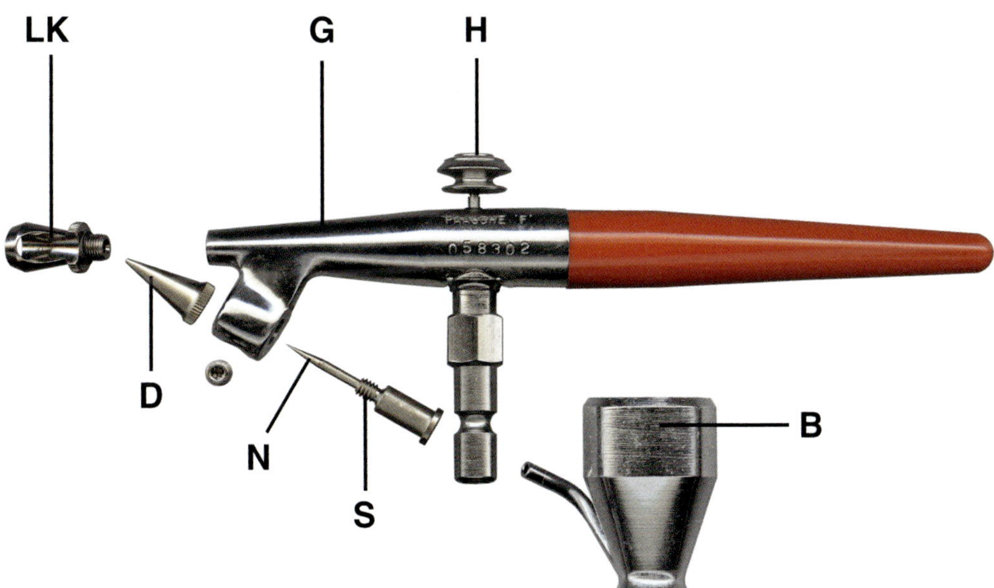

1.4.1-12 Zum Reinigen des Apparates sind alle farbführenden Bauteile zu demontieren. Das bedeutet, dass der Sprühstrahl nach dem Reinigen und Zusammensetzen der Bestandteile Luftkappe **(LK)**, Farbdüse **(D)** und Nadel **(N)** stets neu zu justieren ist. Ein ausreichender Spielraum für das Regulieren der Farbmenge mittels des Vor- und Zurückschraubens der Düse ist bei diesen Geräten durch die schräg in die Luftkappe eingeführte Farbdüse gewährleistet. Mit den feinsten der mit einer Luftkappe versehenen „External-mix"-Geräten lässt sich durch diese konstruktive Ergänzung sogar ein Spritzbild erzeugen, das dem einiger Airbrushs mit einfacher Hebelfunktion durchaus vergleichbar sein kann.

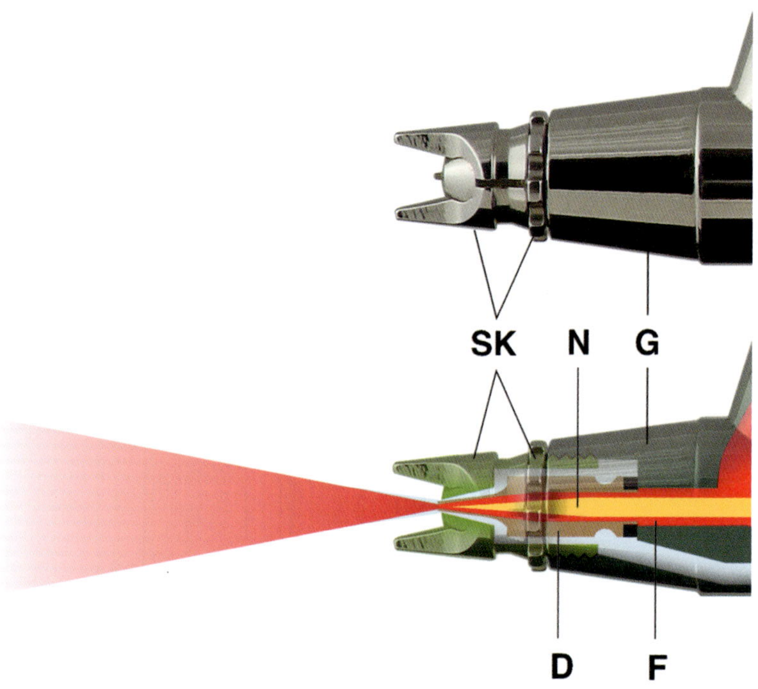

1.4.1-13 Das zentrale Konstruktionsmerkmal des Airbrushs ist die Düsenanordnung. Die Betrachtung „einfacher Spritzgeräte" zeigt, dass für die Qualität eines Farbauftrags die bestmögliche Nutzung der im kegelförmigen Luftstrahl wirksamen Faktoren Strömungsgeschwindigkeit / Ansaugkraft ausschlaggebend ist. Wie ersichtlich wurde, haben diese Faktoren ihren größten Wirkungsgrad in einem sehr eng gebündelten Luftstrahl oder direkt vor der jeweiligen Luftdüse.

Die in dieser Hinsicht optimale Düsenanordnung ergibt sich deshalb aus einer zentrisch durch die Luftdüse hindurchreichend montierten Farbdüse („internal-mix"). Zu diesem Zweck wurde der Durchmesser der ursprünglichen Luftdüse erweitert und diese Bohrung in ein von vorn über die Farbdüse **(D)** in das Gehäuse **(G)** zu schraubendes Teil, die Saugkappe **(SK)**, integriert. Die Funktion der Luftdüse übernimmt damit die Saugkappe. Der – in der Grafik blaue – Luftstrom tritt somit ringförmig um die Farbdüse herum aus und nimmt aus der nur wenig über die Luftaustrittsöffnung hinausreichenden Farbdüse die rot dargestellte Farbe auf, sobald diese freigegeben ist.

Entscheidend für die vom Sprühstrahl aufzunehmende Farbmenge sind beim Airbrush vier Komponenten: der Luft- oder Arbeitsdruck, der Farbdüsendurchmesser und die Saugkappenbohrung sowie die den jeweiligen Farbfluss regulierende Nadel (N).

Die für die schon genannten Verwendungszwecke üblichen Düsendurchmesser reichen von 0,1 mm (äußerst feine Linien) über 0,2 bis 0,3 mm (feine Detailarbeiten) bis zu 0,4 bis 0,8 mm für größere Flächen oder Hintergründe. Größere Düsen eignen sich nur noch zum Ausführen sehr großflächiger (Lackier-)Arbeiten und sind deshalb meist in Spritzgeräten zu finden, die speziell für derartige Anwendungsbereiche konzipiert wurden (die gebräuchlichen Ausdrücke Farbdüsendurchmesser, Düsengröße oder Düsenbohrung beziehen sich immer auf den inneren Durchmesser einer Düsenöffnung).

Die jeweiligen Saugkappen und deren Bohrung müssen seitens der einzelnen Hersteller stets auf eine bestimmte Düse und deren äußeren Umfang innerhalb der Saugkappenbohrung ausgerichtet sein. Das bedeutet, dass Geräte unterschiedlicher Hersteller unterschiedliche Bohrungsverhältnisse zwischen Düse und Saugkappe aufweisen können und dies neben anderen konstruktionsbedingten Eigenschaften in der Praxis zu Unterschieden im Sprühstrahl führen kann.

Ohne spürbaren Einfluss auf die Qualität eines Sprühstrahls ist die Frage, wie die zu verarbeitende Farbe in den durch das Gehäuse geführten Farbkanal **(F)** und damit in die Düse gelangt. Bei den bisher gezeigten Spritzgeräten (vgl. Bild 1.4.1-09 bis 1.4.1-11) saugte der austretende Luftstrom die Farbe durch ein Ansaugrohr **(R)** aus einem neben oder unterhalb des Gehäuses befindlichen Farbbehälter **(B)** an. Zu dieser als „Saugsystem" bezeichneten Art der Farbzuführung kommt beim Airbrush als zweite Möglichkeit das sogenannte „Fließsystem".

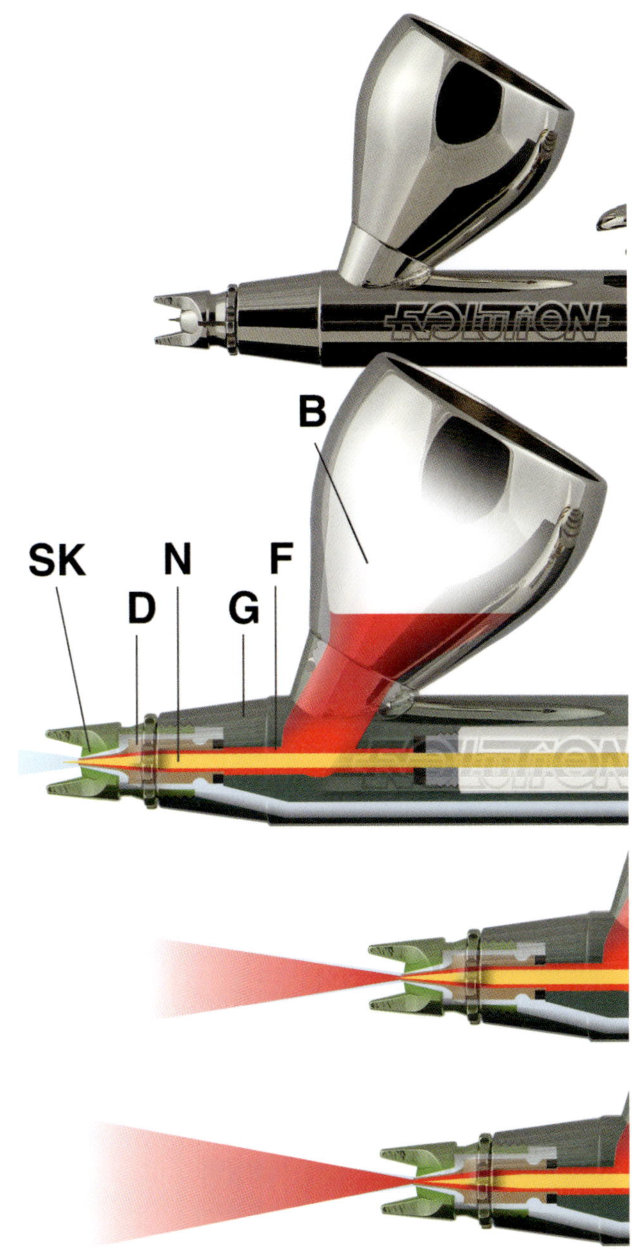

1.4.1-14 Beim Fließsystem läuft die Farbe von oben bis nach vorn in die Farbdüse hinein. Aus einem über dem Airbrush-Gehäuse angebrachten oder in das eigentliche Gehäuse eingelassenen Farbbehälter fließt die eingefüllte Farbe zur Düse vor, ohne dass dafür die Ansaugkraft des Luftstroms erforderlich ist. Dadurch besteht der wesentliche Unterschied im Umgang mit beiden Systemen darin, dass während des Arbeitens mit einem Fließsystem-Airbrush die Farbe ständig in der Düse verfügbar ist, während es beim Saugsystem anfangs zu einer zeitlich etwas verzögerten Farbabgabe kommt. Eine solche Verzögerung beim Saugsystem tritt, abhängig von der Form der Nadelsteuerung, entweder nur direkt vor dem Spritzen mit einer neu eingefüllten Farbe oder aber bei jeder Unterbrechung der Luftzufuhr auf.

Gesteuert wird die Farbabgabe, d.h. die Farbmenge, die durch die Düse in den Sprühstrahl gelangen soll, mit einer in die Düse hineinreichenden Nadel. Diese Nadel **(N)** verschließt, soweit sie bis zum Anschlag in die Düse **(D)** geschoben wird, die Düsenöffnung vollständig. Ein austretender Luftstrom kann somit erst dann Farbe mitnehmen, wenn die Nadel, die von ihrer Form und Größe her immer auf die entsprechende Düse abgestimmt sein muss, innerhalb der Düse einen Farbfluss zulässt. Die aufgenommene Farbmenge ist dabei abhängig von der jeweiligen Position der Nadel, das bedeutet, je weiter eine Nadel in den Farbkanal **(F)** zurückgezogen ist, desto geringer wird die Veränderung des eigentlichen Düsenquerschnitts und damit die Drosselung des Farbflusses.

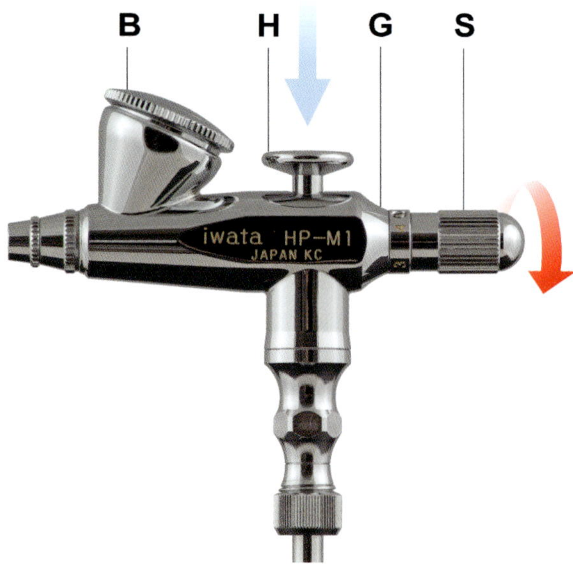

1.4.1-15 und 1.4.1-16 Der Single-Action-Airbrush. Die technisch einfachste Form einer Nadelsteuerung besitzen Geräte, bei denen die Nadel durch den Airbrush hindurchgeführt und am hinteren Ende in einer Einstellschraube **(S)** befestigt wird. Diese Einstellschraube sitzt auf einem am Gehäuse oder in der Griffkappe angebrachten Feingewinde und lässt sich darauf durch eine entsprechende Schraubbewegung in ihrem Abstand zum Gehäuse verändern.

Die Nadel ist mittels der Einstellschraube derart im Gehäuse geführt, dass sie bei einer ganz nach vorn geschraubten Einstellschraube die Düse vollständig verschließt. Wird die Einstellschraube aus dieser Position heraus zurückgedreht, ermöglicht sie einen Farbfluss, der mit dem Abstand der Einstellschraube zum Gehäuse variiert werden kann (Bild oben = iwata HP-M1, Bild unten = Revell STUDENT / BADGER).

1.4.1-17 Die einfache Hebelfunktion. Das Freigeben oder Unterbrechen der Luftzufuhr erfolgt bei einem mit einer derartigen Nadelsteuerung ausgerüsteten Airbrush durch Herunterdrücken des Bedienungshebels **(H)**, der damit das Luftventil **(V)** öffnet. Während des eigentlichen Spritzvorgangs kann somit – wie auch bei den sogenannten Druckluftzerstäubern – nur die Luftzufuhr mittels des auf dem Bedienungshebel liegenden Zeigefingers ausgelöst oder gestoppt, nicht aber die Farbmenge reguliert werden. Diese Form der Hebelfunktion wird eine „einfache" genannt. Geräte, die über eine einfache Hebelfunktion verfügen, werden international in der Regel als „Single-Action-Airbrush" bezeichnet.

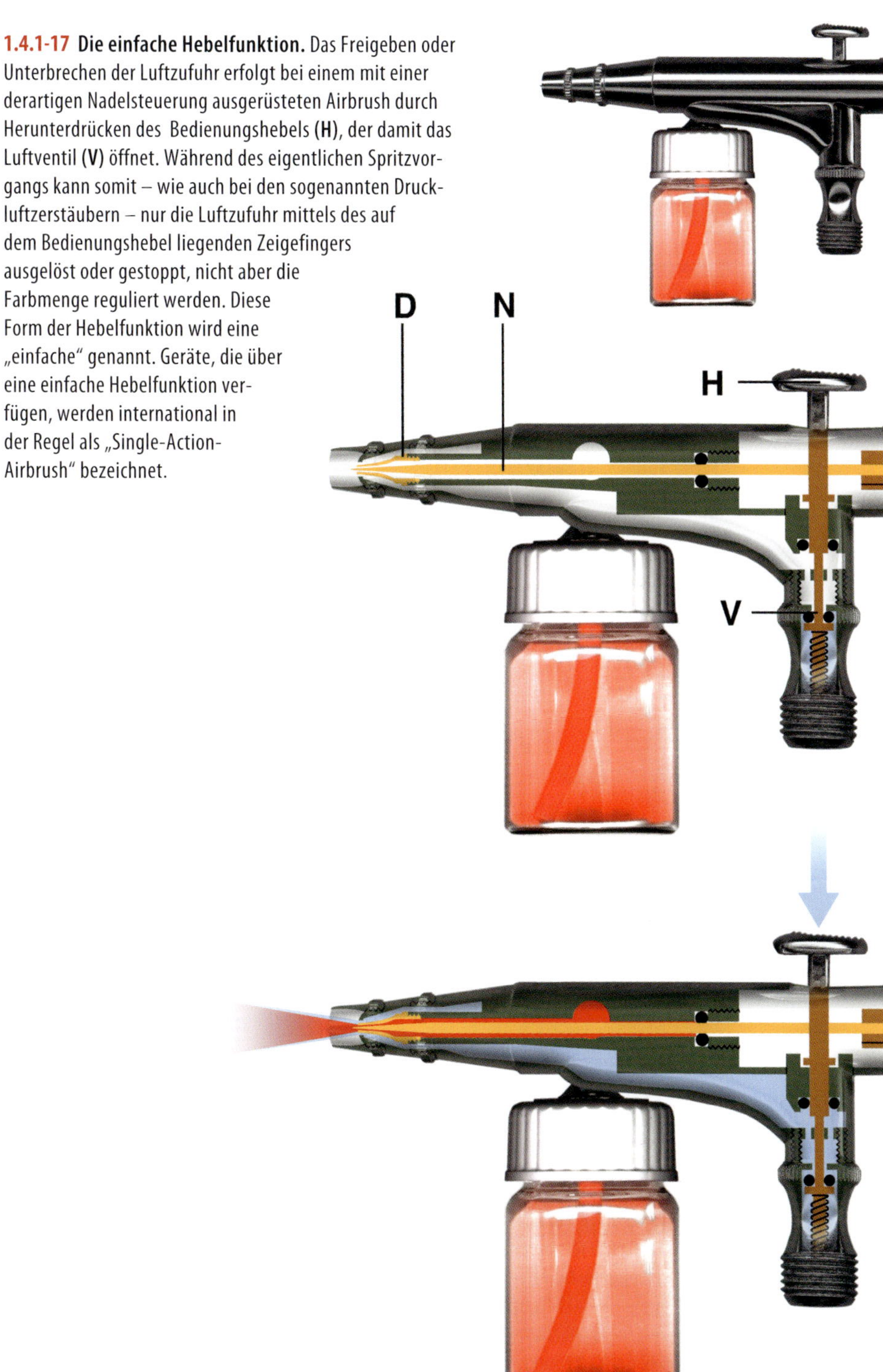

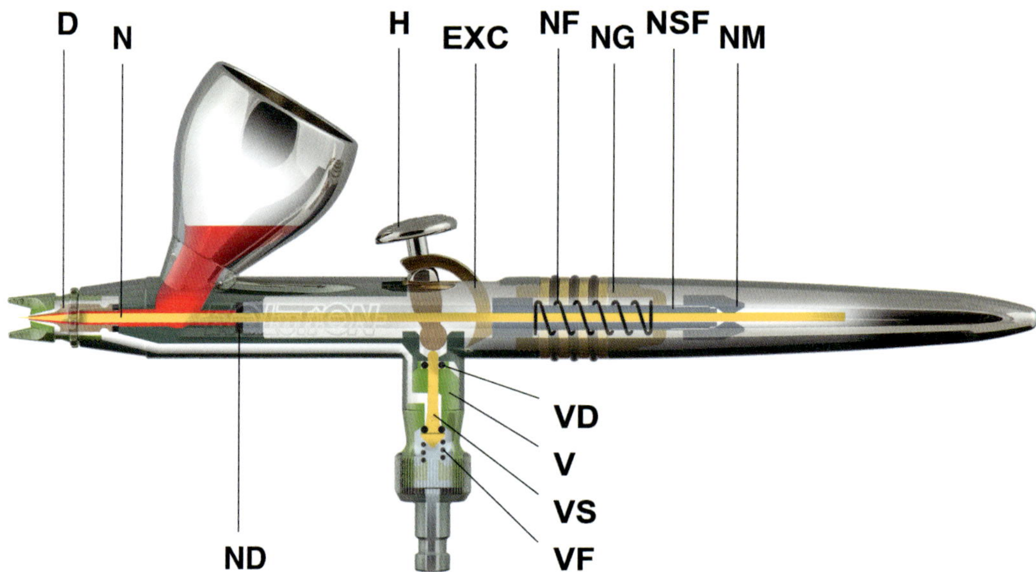

1.4.1-18 Als „Double-Action-Airbrush" gilt ein Gerät, dessen Bedienungshebel sowohl das Luftventil wie auch die Nadel steuert. Die Nadel **(N)** ist dafür mit der Nadelklemmmutter **(NM)** innerhalb einer Nadelführung **(NF)** befestigt. Diese Nadelführung, die sich mit der Nadel bewegt, wird durch die als Nadelrückholfeder **(NR)** oder Nadelfeder bezeichnete Feder, die um die Nadelführung herum im Federgehäuse **(NG)** sitzt, gegen den Bedienungshebel **(HD)** oder einen Excenter **(EXC)** geschoben. Dabei verschließt eine ordnungsgemäß eingesetzte Nadel, solange der Bedienungshebel nach vorn gedrückt bleibt, die Farbdüse **(D)** vollständig. Wird der Bedienungshebel aus dieser Position zurückgezogen, verschiebt dieser die Nadelführung und damit die Nadelspitze innerhalb der Farbdüse (Harder & Steenbeck *Evolution*).

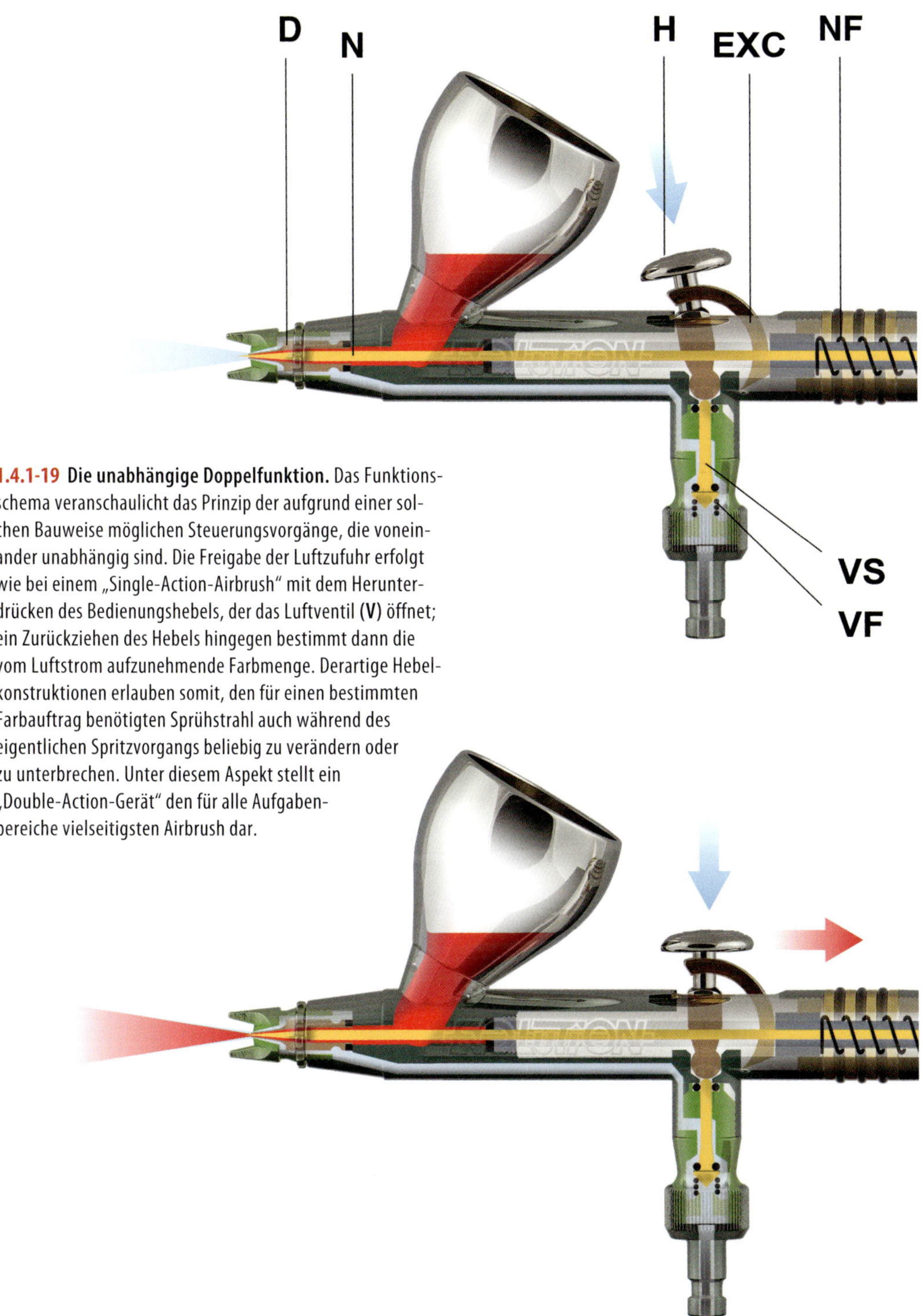

1.4.1-19 Die unabhängige Doppelfunktion. Das Funktionsschema veranschaulicht das Prinzip der aufgrund einer solchen Bauweise möglichen Steuerungsvorgänge, die voneinander unabhängig sind. Die Freigabe der Luftzufuhr erfolgt wie bei einem „Single-Action-Airbrush" mit dem Herunterdrücken des Bedienungshebels, der das Luftventil **(V)** öffnet; ein Zurückziehen des Hebels hingegen bestimmt dann die vom Luftstrom aufzunehmende Farbmenge. Derartige Hebelkonstruktionen erlauben somit, den für einen bestimmten Farbauftrag benötigten Sprühstrahl auch während des eigentlichen Spritzvorgangs beliebig zu verändern oder zu unterbrechen. Unter diesem Aspekt stellt ein „Double-Action-Gerät" den für alle Aufgabenbereiche vielseitigsten Airbrush dar.

1.4.1-20 Wer sich mit der Schnittgrafik und der Funktionsweise des Airbrushs vertraut gemacht hat, wird die ausgelegten Originalbauteile schnell identifizieren können. Dies ist schon von daher nicht allzu schwer, da die Anzahl der zu verbauenden Teile doch ziemlich übersichtlich ist. Bei den Geräten der jeweiligen Hersteller unterscheiden sich die Einzelteile natürlich zum Teil recht deutlich, lassen sich aber trotz konstruktiver Besonderheiten meist relativ einfach zuordnen (Harder & Steenbeck *Evolution*).

1.4.1-21 Im Vergleich zu einem älteren Airbrush mit Farbmulde werden Unterschiede offensichtlich. Eigentlich gibt es schon vom äußeren Erscheinungsbild her (1.4.1-21 = Fischer A 01) kein Bauteil, das einem Bauteil des vorher gezeigten Spritzapparates wirklich zu gleichen scheint (vielleicht mit Ausnahme der Nadel, aber auch diese ist nicht identisch). Dennoch funktionieren beiden Geräte von der Anwendung her (Double-Action-Airbrush mit unabhängiger Doppelfunktion) vergleichbar. Wer sich also mit der Arbeitsweise der einzelnen Baugruppen einmal genauer befasst hat, wird bei den meisten Geräten und Geräteteilen schnell wissen, woran er ist.

1.4.1-22 Die gekoppelte Doppelfunktion. Eine im Hinblick auf die Steuerungsmöglichkeiten etwas einfachere Variante des eben gezeigten Gerätetyps sind Apparate, die einen Bedienungshebel mit gekoppelter Doppelfunktion (Fixed-Double-Action) besitzen. Das Luftventil **(V)** wird bei einem solchen Airbrush nicht durch ein Herunterdrücken des Hebels **(H)** betätigt, sondern mit dem Zurückziehen der Nadel automatisch geöffnet. Die Luftzufuhr ist also nur bei gleichzeitig geschlossener Farbdüse **(D)** unterbrochen. Dies hat zur Folge, dass das unmittelbare Freigeben einer gewünschten Farbmenge ebenso wie das abrupte Unterbrechen einer bestimmten Strichführung nicht möglich ist.

1.4.1-23 Die gekoppelte Doppelfunktion war in Deutschland und Mitteleuropa lange Zeit vorherrschend. Wir finden sie deshalb in den Sortimenten deutscher Traditionsmarken (hier Harder & Steenbeck *Grafo T1*). Äußerlich unterscheiden sich die Spritzapparate nicht von Geräten mit unabhängiger Doppelfunktion, und auch technisch gesehen ist es lediglich die Konstruktion des Bedienhebels, die den Unterschied ausmacht.

1.4.1-24 Speziell die Hebelformen und -aufhängungen variieren deutlich. Zum Vergleich mit der Funktionsgrafik 1.4.1-22 und dem unter 1.4.1-25/1.4.1-26 vorgestellten Spritzapparat gibt es hier eine Konstruktionszeichnung zum eben gezeigten Airbrush Harder & Steenbeck *Grafo T*. Diese Gegenüberstellung zeigt unter anderem, dass die Bedienhebelachse sowohl mittig über einer Nocke als auch unten vorn am Hebelschaft angeordnet sein kann. Werden in diesen Vergleich die Abbildungen 1.4.1-18 bis1.4.1-21 mit einbezogen, so wird zudem die prinzipielle Übereinstimmung aller anderen Bauteile der beiden Gerätearten mit gekoppelter oder unabhängiger Doppelfunktion offensichtlich.

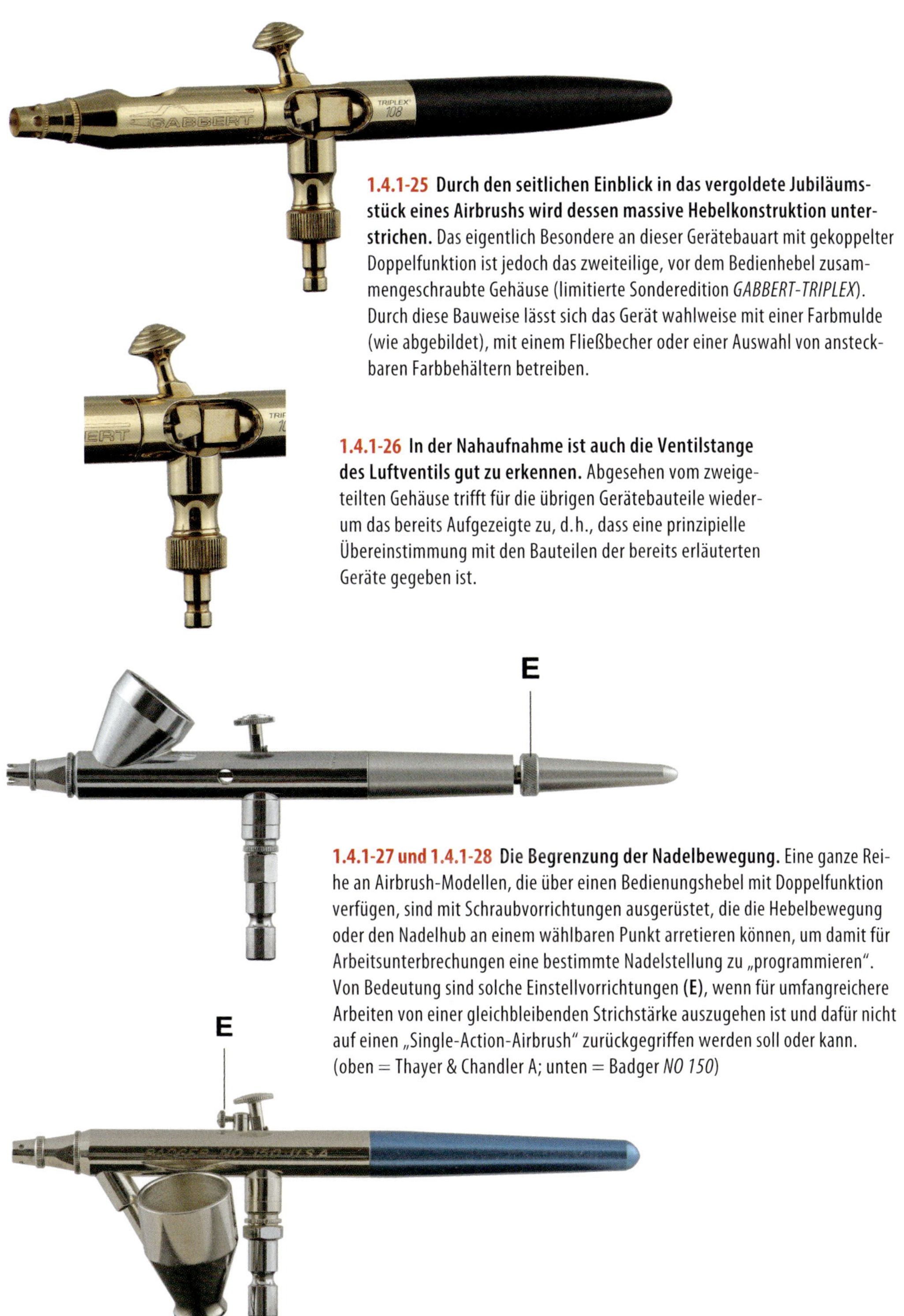

1.4.1-25 Durch den seitlichen Einblick in das vergoldete Jubiläumsstück eines Airbrushs wird dessen massive Hebelkonstruktion unterstrichen. Das eigentlich Besondere an dieser Gerätebauart mit gekoppelter Doppelfunktion ist jedoch das zweiteilige, vor dem Bedienhebel zusammengeschraubte Gehäuse (limitierte Sonderedition *GABBERT-TRIPLEX*). Durch diese Bauweise lässt sich das Gerät wahlweise mit einer Farbmulde (wie abgebildet), mit einem Fließbecher oder einer Auswahl von ansteckbaren Farbbehältern betreiben.

1.4.1-26 In der Nahaufnahme ist auch die Ventilstange des Luftventils gut zu erkennen. Abgesehen vom zweigeteilten Gehäuse trifft für die übrigen Gerätebauteile wiederum das bereits Aufgezeigte zu, d.h., dass eine prinzipielle Übereinstimmung mit den Bauteilen der bereits erläuterten Geräte gegeben ist.

1.4.1-27 und 1.4.1-28 Die Begrenzung der Nadelbewegung. Eine ganze Reihe an Airbrush-Modellen, die über einen Bedienungshebel mit Doppelfunktion verfügen, sind mit Schraubvorrichtungen ausgerüstet, die die Hebelbewegung oder den Nadelhub an einem wählbaren Punkt arretieren können, um damit für Arbeitsunterbrechungen eine bestimmte Nadelstellung zu „programmieren". Von Bedeutung sind solche Einstellvorrichtungen **(E)**, wenn für umfangreichere Arbeiten von einer gleichbleibenden Strichstärke auszugehen ist und dafür nicht auf einen „Single-Action-Airbrush" zurückgegriffen werden soll oder kann. (oben = Thayer & Chandler A; unten = Badger *NO 150*)

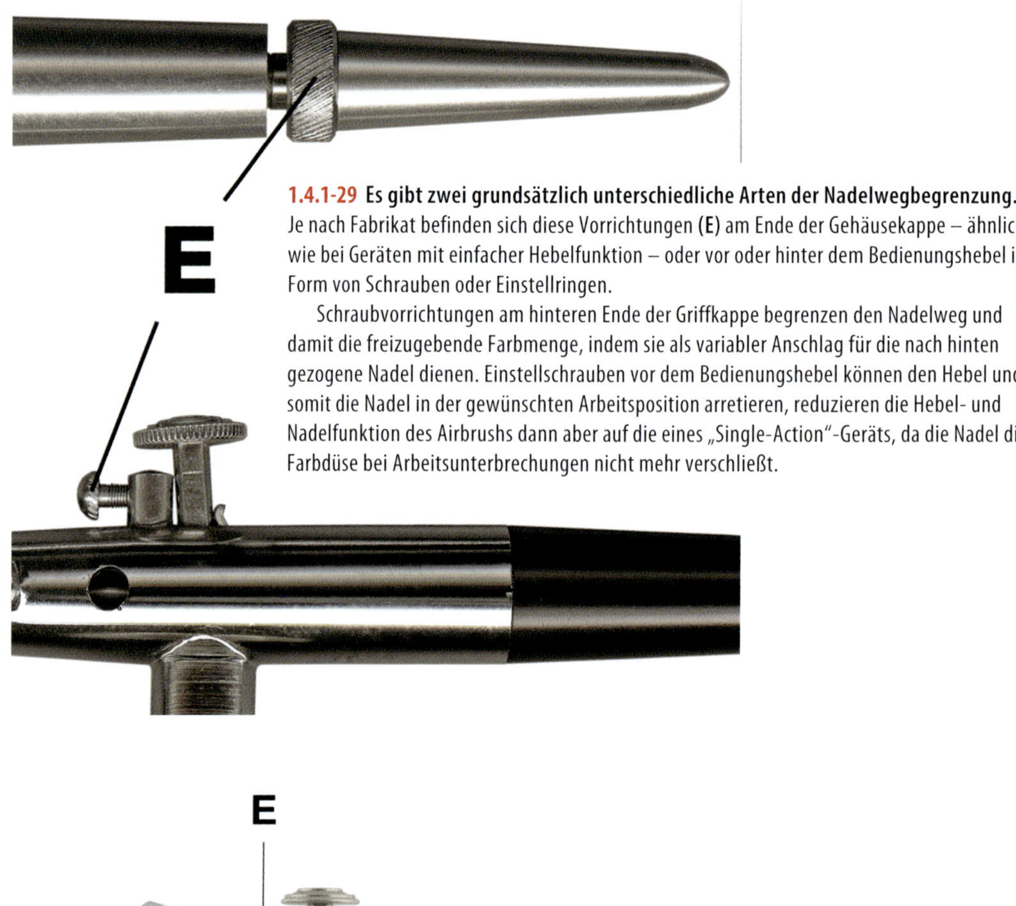

1.4.1-29 Es gibt zwei grundsätzlich unterschiedliche Arten der Nadelwegbegrenzung. Je nach Fabrikat befinden sich diese Vorrichtungen **(E)** am Ende der Gehäusekappe – ähnlich wie bei Geräten mit einfacher Hebelfunktion – oder vor oder hinter dem Bedienungshebel in Form von Schrauben oder Einstellringen.

Schraubvorrichtungen am hinteren Ende der Griffkappe begrenzen den Nadelweg und damit die freizugebende Farbmenge, indem sie als variabler Anschlag für die nach hinten gezogene Nadel dienen. Einstellschrauben vor dem Bedienungshebel können den Hebel und somit die Nadel in der gewünschten Arbeitsposition arretieren, reduzieren die Hebel- und Nadelfunktion des Airbrushs dann aber auf die eines „Single-Action"-Geräts, da die Nadel die Farbdüse bei Arbeitsunterbrechungen nicht mehr verschließt.

1.4.1-30 Das Einstellrad im Airbrush-Gehäuse erfüllt die gleiche Aufgabe wie eine Einstellschraube außen vor dem Bedienungshebel. Das Einstellrad **(E)** verschiebt eine Gewindestange mit einer Platte gegen den Bedienhebel, sodass die zurückgezogene Nadel in der gewünschten Position verbleibt (Paasche *„V"*).

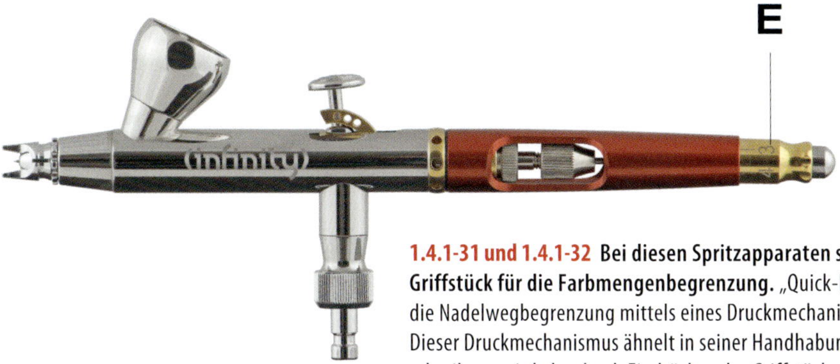

1.4.1-31 und 1.4.1-32 Bei diesen Spritzapparaten sorgt ein Quick-Fix-Griffstück für die Farbmengenbegrenzung. „Quick-Fix" bedeutet, dass die Nadelwegbegrenzung mittels eines Druckmechanismus aktiviert wird. Dieser Druckmechanismus ähnelt in seiner Handhabung dem eines Kugelschreibers, wird also durch Eindrücken des Griffstückendes betätigt. Entriegelt wird er durch das Zurückziehen des davorliegenden Bauteils. Die Begrenzung des Nadelhubs auf eine bestimmte Farbmenge erfolgt durch das Verdrehen dieses davorliegenden Bauteils im aktivierten Zustand. (Bild oben = Harder & Steenbeck *Evolution*; Bild Mitte = Harder & Steenbeck *Infinity*)

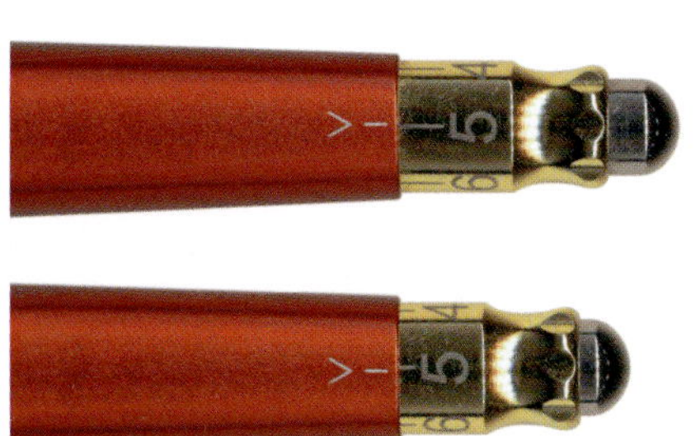

1.4.1-33 Das Quick-Fix-Griffstück im entriegelten und im aktivierten Zustand. Einstellen lässt sich diese Nadelwegbegrenzung mit Memory-Funktion am besten, wenn mit dem Bedienhebel die gewünschte Strichstärke gefunden wurde und dann gehalten wird. Die aktivierte Farbmengenbegrenzung ist nun so lange zu verdrehen, bis sie gegen die Nadel drückt und diese weiter nach vorn schieben möchte. Am Ende der Arbeiten erfolgt die Entriegelung der gewählten Farbmengenbegrenzung, die später durch das erneute Eindrücken des Griffstückendes sofort wieder zur Verfügung steht.

Die Luftquelle (Druckquelle)

1.4.2-01 Eine Reihe von ganz unterschiedlichen Druckquellen steht zur Verfügung. Ebenso wichtig wie die Auswahl des für die eigenen Zwecke geeigneten Airbrushs ist die Entscheidung, aus welcher Art von Druckquelle der für die Arbeit mit einem Spritzgerät erforderliche Druck bezogen werden soll. Als Antrieb für einen Airbrush lassen sich außer Luft auch andere Treibmittel (hauptsächlich: Treibgas) verwenden. Im Wesentlichen kommen diese aus kleinen Treibgasdosen (Einwegbehälter) und größeren nachfüllbaren Kohlendioxidflaschen. Weitaus verbreiteter ist jedoch der Einsatz von einfachen Minikompressoren, Baumarkt- und Industriekompressoren sowie geräuscharmen Atelierkompressoren.

Entscheidend für die grundsätzliche Eignung einer Druckquelle ist, ob sie den zum Betrieb eines Spritzgeräts benötigten gleichmäßigen Arbeitsdruck, der für einen Airbrush mit geöffnetem Luftventil abhängig vom jeweiligen Hersteller/Modell in der Regel bei 1,4 bis 2 bar liegt, liefern kann. (Ein Druck von über 2 bar ist kaum noch sinnvoll, da zu viel Farbe über dem Spritzgrund verwirbelt wird.)

Der durchschnittliche Luftverbrauch eines Airbrussh beträgt bei einem Druck von 2 bar etwa 7 bis 15 Liter pro Minute. Bei einzelnen Spritzapparaten kann dieser Wert jedoch auch höher liegen. Eine als brauchbar zu bezeichnende Druckquelle muss somit die jeweils erforderliche Treibmittelmenge mit dem entsprechenden Arbeitsdruck (also bei geöffnetem Luftventil des Airbrushs) über einen Zeitraum von mehreren Minuten hintereinander abgeben können.

Indiz für einen nicht mehr ausreichenden Druck ist ein grobkörniges Spritzbild und, je nach Art der Druckquelle, auch eine pulsierende Luftzufuhr. Der genannten Mindestanforderung werden aber bis auf einige Minikompressoren (**c**) im Prinzip alle Antriebssysteme gerecht. Bei Minikompressoren, die ebenso wie Treibgasdosen (**a**) meist über keinerlei Druckanzeige verfügen, lässt sich eine Eignung anhand des erwähnten Spritzbildes, das mit dem eigenen (!) Airbrush angelegt werden sollte, relativ schnell überprüfen.

Ausschlaggebend für die Entscheidung zugunsten einer bestimmten Antriebsart sollte, wie die nachfolgend dargestellten Kriterien zeigen, daher in erster Linie der Zeitaufwand sein, der für die auszuführenden Spritzvorgänge zu veranschlagen ist.

Treibgasdosen (**a**) beispielsweise, die im ersten Moment als eine ausgesprochen preiswerte und platzsparende Druckquelle erscheinen können, erweisen sich im Hinblick auf den Arbeitszeitfaktor als nur für gelegentliche, recht einfache und kleine Airbrush-Arbeiten geeignet. Bei ausgedehnten Spritzvorgängen wird das Treibgas aufgrund der Verdunstungskälte, die der Übergang des Treibmittels vom flüssigen in einen gasförmigen Zustand bedingt, rasch an Druck verlieren. Einem solchen Druckverlust kann zwar mit einem lauwarmen Wasserbad etwas entgegengewirkt werden, Druckschwankungen sind jedoch auch dadurch nicht zu vermeiden. Darüber hinaus stellt sich die intensivere Verwendung von Treibgasdosen über einen längeren Zeitraum hinweg wegen der jeweiligen „Luft"-Verbrauchswerte als doch ziemlich teuer heraus.

Preisgünstiger und ohne derart gravierende Druckschwankungen arbeiten in dieser Hinsicht Kohlendioxidflaschen (**b**), wie sie auch zum Bierausschank verwendet werden. Der Auslass einer solchen Flasche wird mit einem Druckminderer (= Auslassventil) und einem oder zwei Manometern (für Flaschen- und Arbeitsdruck) versehen, sodass sich der Arbeitsdruck wesentlich präziser steuern lässt als bei einer Treibgasdose. Die entstehende Verdunstungskälte bleibt hier durch das große Flaschenvolumen ohne sonderliche Auswirkungen auf den Arbeitsdruck. Als nachteilig können aber die Flaschengröße und ihr Gewicht empfunden werden, das spätestens dann zum Tragen kommt, wenn die Flasche ausgetauscht oder aufgefüllt werden muss. Außerdem ist bei der Ermittlung der tatsächlichen Kosten für die Nutzung einer solchen Druckquelle zu berücksichtigen, dass neben dem Preis einer Flaschenfüllung meist auch eine Gebühr für die Flasche selbst zu entrichten ist und dass, ebenso wie bei Treibgasdosen, häufig die Anschaffung eines Druckminderers in die Kostenrechnung aufgenommen werden muss. Die Summe der Ausgaben in einer derartigen Kostenaufstellung, die auf einen längeren Zeitraum ausgerichtet sein sollte, kann damit in vielen Fällen den Anschaffungspreis für einen Minikompressor erreichen.

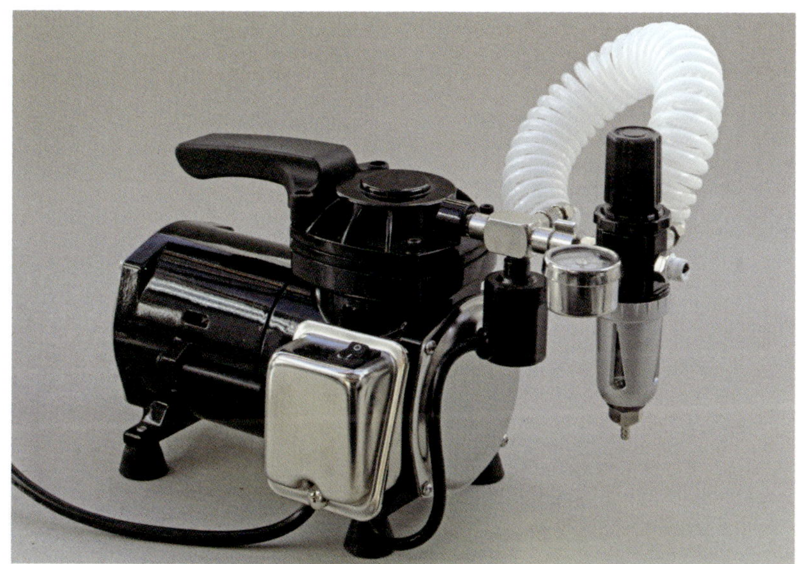

1.4.2-02 Als Minikompressoren werden Geräte eingestuft, die über eine Ansaugleistung von bis zu 15 Litern in der Minute verfügen. Gut ausgestattete Minikompressoren verfügen bereits über einen Druckminderer nebst Manometer und Wasserabscheider (siehe 1.4.2-03), an den einfacheren Modellen (**c**) fehlen diese Teile ebenso wie ein Lufttank. Lässt sich mit dem eigenen Spritzapparat und einem solchen Kompressor ein gutes Spritzbild erzielen, kann ein solches Gerät für den Betrieb eines Airbrushs – speziell bei einfachen und kleinen Arbeiten – ausreichen.

Längere Spritzvorgänge führen jedoch durch die entsprechend lange Laufzeit des Motors zu einer starken Erhitzung des Minikompressors und damit zur Bildung von Kondenswasser unmittelbar im Druckschlauch, wenn kein Wasserabscheider montiert ist. Um Kondenswasser und Verschmutzungen rechtzeitig erkennen zu können, sollten nur transparente Druckschläuche für diesen Gerätetyp verwendet werden, da mit dem Auftreten erster Wassertröpfchen in der Luftzufuhr die Arbeit abzubrechen ist. Das Gerät muss dann in jedem Fall abkühlen, bevor der Druckschlauch freigeblasen und die Arbeit wieder aufgenommen werden kann.

1.4.2-03 Mit einem sogenannten Wasserabscheider lässt sich das Auftreten von Wassertröpfchen im Anschlussschlauch deutlich hinauszögern. Der am charakteristischen Schauglas schnell zu erkennende Wasserabscheider ist in der Regel integrierter Bestandteil eines Druckminderers, zu dem auch ein Manometer gehört. Druckminderer sind auch als Zubehörteil einzeln erhältlich und können nachgerüstet werden. Um der Kondenswasserbildung im Wasserabscheider Vorschub zu leisten, besteht das Herzstück optimalerweise aus Metall. Sobald Kondenswasser im Auffangglas zu sehen ist, sollte die Arbeit unterbrochen werden, bis der Kompressor wieder abgekühlt ist.

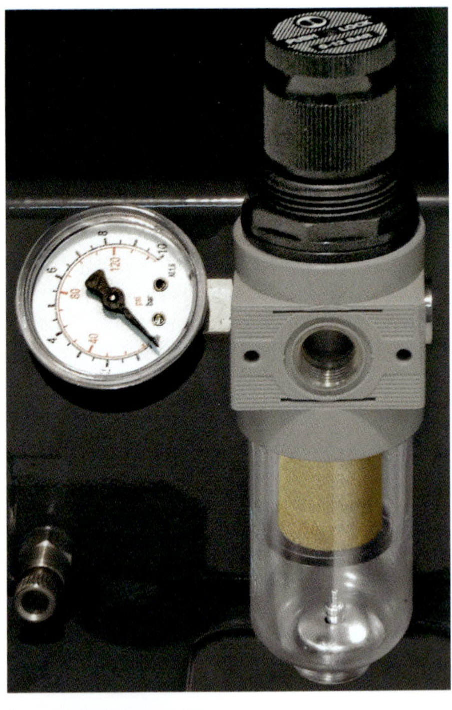

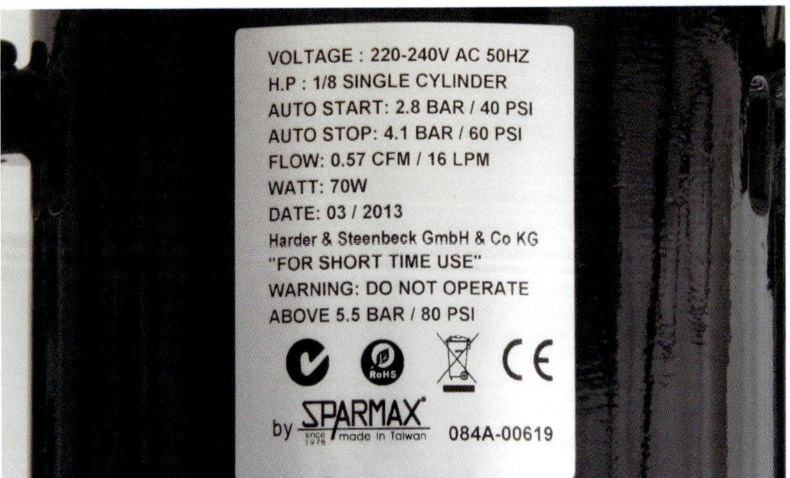

1.4.2-04 Das Typenschild am Kompressor gibt über seine Leistungsdaten Auskunft. Hier findet sich auch der Hinweis „for short time use", der das eben Geschilderte nochmals unterstreicht. Die Minikompressoren gehören zu den sogenannten ölfreien Kompressoren. Ölfreie Kompressoren gibt es für den Airbrushbetrieb mit Ansaugleistungen von 6 Liter bis etwa 50 Liter. Sie erzeugen einen Arbeitsdruck von 0,7 bar bis etwa 4,1 bar. Im Vergleich zu den Öl-Kolben-Kompressoren („Kühlschrankmotoren") haben die ölfreien Kompressoren einen geringeren Anschaffungspreis, da die Geräte einfacher konstruiert sind. Sie sind weniger leistungsstark und auch deutlich lauter (siehe weitere Leistungsdaten dazu unter 1.4.2-09).

1.4.2-05 Die nächstgrößeren Kompressorenmodelle verfügen über einen Drucktank. Der ölfreie Motor, der hier eine Ansaugleistung zwischen 23 und 28 Litern pro Minute erbringt, steht auf einem Drucktank, welcher über einen Tankinhalt von 2,5 Litern verfügt. Sobald der Druck im Tank etwa 4,1 bar (60 PSI) erreicht, wird der Kompressor von einem Druckschalter automatisch abgeschaltet. Fällt der Druck im Tank unter ± 2,8 bar, springt der Motor selbsttätig wieder an. (Schalter und Anschlüsse sind auf dem Foto gut zu erkennen.)

1.4.2-06 Auf der Vorderseite des Kompressors befindet sich der Druckminderer mit Schlauchanschluss. Der Druckschlauch zum Airbrush wird mit dem Druckminderer über eine Schnellkupplung verbunden. Mithilfe des Manometers lässt sich der am Airbrush wirksame Luftdruck gut einstellen, wenn dazu ein Airbrush angeschlossen und die Luft am Airbrush freigegeben wird. Ein Wasserabscheider sorgt auch hier dafür, dass die Bildung von Kondenswasser im Schlauch hinausgezögert wird. Ein guter „Sammelbehälter" für Kondenswasser ist jedoch erst einmal der Drucktank. Die Wandungen des Tanks, die sich in der Regel nicht spürbar erwärmen, sorgen dafür, dass sich das Kondenswasser schon im Tank bildet. Dieses Kondenswasser muss natürlich regelmäßig abgelassen werden. Dafür gibt es entsprechende Ablassschrauben, die sich meist an der Unterseite befinden.

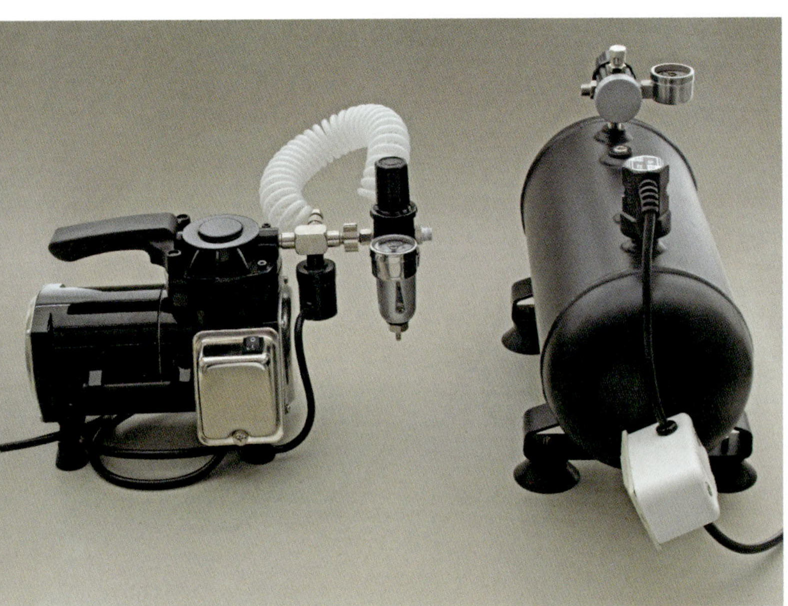

1.4.2-07 Ein Tank und druckabhängig regulierte Motorlaufzeiten erlauben längere Betriebszeiten des Kompressors. Wenn die Leistung des für die ersten Airbrush-Arbeiten erworbenen Minikompressors an sich ausreicht und nur etwas erweitert werden soll, lässt sich der Kompressor mit einem Tank nebst Druckschalter nachrüsten. Entsprechend vorbereitete Drucktanks sind im Handel als Zubehör erhältlich.

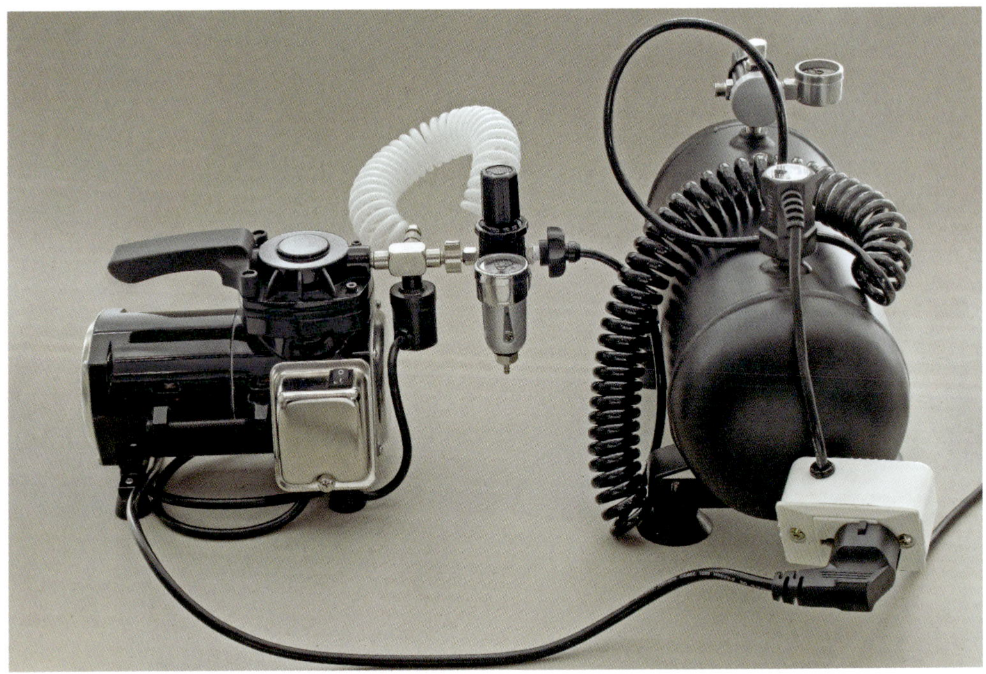

1.4.2-08 Das Verbinden der beiden Kompressorenteile ist einfach. Der Netzstecker des Minikompressors wird mit dem Druckschalter des Tanks verbunden, der seinerseits den Netzanschluss herstellt. Auf den Schlauchanschluss des Druckminderers am Kompressor wird ein Verbindungsschlauch zum Tank geschraubt, der Druckminderer wird auf die maximale Ausgangsleistung eingestellt. Der Spritzdruck wird nun über den Druckminderer am Auslass auf der Tankoberseite reguliert. Dort wird der Schlauch zum Airbrush, am besten mit einer Schnellkupplung, angeschlossen.

1.4.2-09 Auch dieser Kompressor hat an seiner Vorderseite einen Druckminderer mit Schlauchanschluss. Zusammen mit der kastenförmigen Blechverkleidung verdeckt dieser auf den ersten Blick den wesentlichen Unterschied zum bereits gezeigten ölfreien Kompressor. Beim Einschalten wird dieser Unterschied jedoch sofort hörbar, obwohl beide Kompressoren zur gleichen Leistungsklasse gehören. Während der ölfreie Kompressor laut Herstellerangaben mit 53 dB an die Arbeit geht, ist hier nur ein Betriebsgeräusch von 38 dB zu vernehmen. Trotz des niedrigeren Geräuschpegels baut der Öl-Kolben-Kompressor den höheren Druck auf: 6 bar (78 PSI) im Gegensatz zu 4,1 bar (60 PSI) beim ölfreien Kompressor.

1.4.2-10 Nach dem Abnehmen der Blechverkleidung werden alle Bestandteile des Öl-Kolben-Kompressors sichtbar. Der Druckminderer ist am Ausgleichstank (1,5 Liter) montiert, darüber sitzt der Betriebsschalter mit druckabhängiger Abschaltautomatik. Zusammen mit dem Motor ist alles auf einer Bodenplatte befestigt.

Vom Äußeren her sehr ähnlich, aber mit höheren Leistungsdaten aufwartend, zählen diese Kompressoren zu den kleinen Atelierkompressoren (**d**). Mit einem Druck zwischen 6 bar und 8 bar und einem Tankvolumen von 3,5 bis 4 Litern hält der Tank eine Luftmenge zwischen 21 und 32 Litern vor.

Beim Arbeiten mit einem hochwertigen Airbrush, dessen Luftverbrauch bei 7 Litern oder wenig darüber liegt, sind die Motorlaufzeiten also so bemessen, dass auch ausgedehnte Arbeiten möglich sind. Sehr wichtig: Die bauartbedingten Intervalle von Ein- und Ausschaltdauer (max 15 Min. ein / dann 15 Min. aus) müssen unbedingt eingehalten werden, um die Lebensdauer und die Funktion des Öl-Kolben-Kompressors nicht zu beeinträchtigen. Eine längere Einschaltdauer führt zu Überhitzung und einem erhöhten Ölverbrauch des Kompressors mit negativen Folgen für dessen Leistungsfähigkeit.

1.4.2-11 Öl-Kolben-Kompressoren zeigen im Ölschauglas den aktuellen Ölstand. Die Schaugläser sind seitlich ins Motorengehäuse eingelassen und sollten regelmäßig kontrolliert werden. Wird ein zu niedriger Ölstand angezeigt (oder ist gar kein Öl zu sehen), ist den Vorgaben der jeweiligen Betriebsanleitung zum Auffüllen des Öls zu folgen. Es sollten unbedingt die Originalöle für Kompressoren verwendet werden (nicht nur aus Garantiegründen). Wurde aus Versehen zu viel Öl eingefüllt, können Schritte wie unter 1.3.-42 gezeigt helfen (dazu unbedingt die Bedienungsanleitung beachten!).

Ein betriebsbereiter, mit Öl befüllter Öl-Kolben-Kompressor muss im horizontalen Stand verbleiben. Wird der Kompressor schräg gestellt, kann Öl in die Kompressionskammern gelangen und viel Schaden anrichten.

1.4.2-12 Atelierkompressoren arbeiten mit einer Ansaugleistung von 30, 50 oder von 100 Litern pro Minute. Ihre Tanks haben ein Volumen zwischen 9 und 24 Litern. Bei einem Druck von 8 bar fassen die Tanks also zwischen 72 und 192 Litern. Der automatische Einschaltdruck für Atelierkompressoren liegt deutlich höher als der benötigte Arbeitsdruck eines herkömmlichen Airbrushs (oder Air-Erasers), sodass Druckschwankungen ausgeschlossen sind. Die maximale Betriebslautstärke liegt laut Herstellerangaben bei diesen Kompressoren bei 43 db. (Zum Vergleich: Ein ölfreier Kompressor mit 46 bis 54 Litern Ansaugleistung kommt laut Herstellerangaben auf 64 dB.) Diese Konstruktionsform hat sich deshalb gerade bei professionellen Nutzern des Airbrushs durchgesetzt – trotz der eingeschränkten Motorkühlung, die, wenn das Leistungsvermögen eines Atelierkompressors deutlich über dem Bedarf liegt, keine Rolle mehr spielen sollte.

Deutlich lauter und häufig mit noch größeren Lufttanks ausgestattet, sind Industriekompressoren. Sie spielen in der Regel nur dort eine Rolle, wo sie aus gewerblichen Gründen bereits vorhanden sind, und werden unter entsprechenden Rahmenbedingungen betrieben.

1.4.2-13 Leistungsstarke Kompressoren aus dem Baumarkt sind keine günstige Alternative zu Atelierkompressoren. War bisher ein Betriebsgeräusch von 64 db im Gespräch, so werden hier „Schallleistungspegel" von 94 db (nach EN ISO 2151) in Betriebsanleitungen genannt. Der Zusatz dort: „Tragen sie einen Gehörschutz." Mit hohen Ansaugleistungen und großen Tanks sind diese Kompressoren, wie auch die Industriekompressoren, für andere Aufgabenbereiche konzipiert.

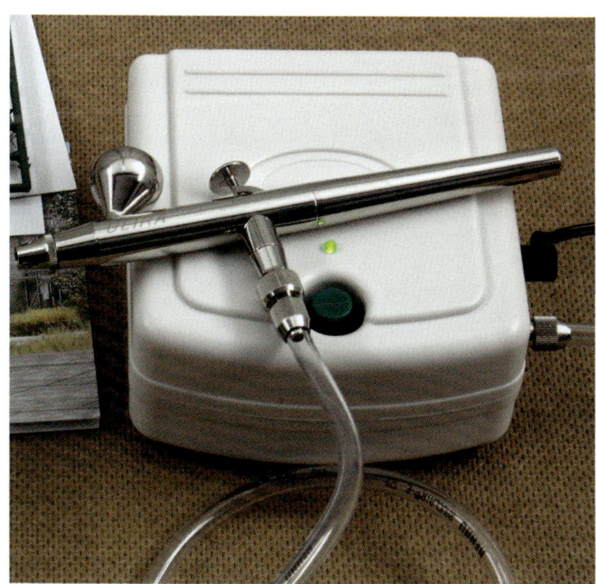

1.4.2-14 Als ein echter Nothelfer erweist sich dieser kleine Minikompressor. Mit einer Ansaugleistung von 3 Litern bei 0,7 bar und einem maximalen Druck von 2,1 bar (30 PSI) kann dieses kleine Gerät, das nur 100 x 105 x 55 mm misst und nur 450 Gramm wiegt, gerade unterwegs helfen, kleine (Transport-)Schäden zu kaschieren. Wird ein guter Airbrush mit geringem Luftverbrauch angeschlossen, lassen sich kurzzeitig saubere, kleine Spritzbilder anlegen.

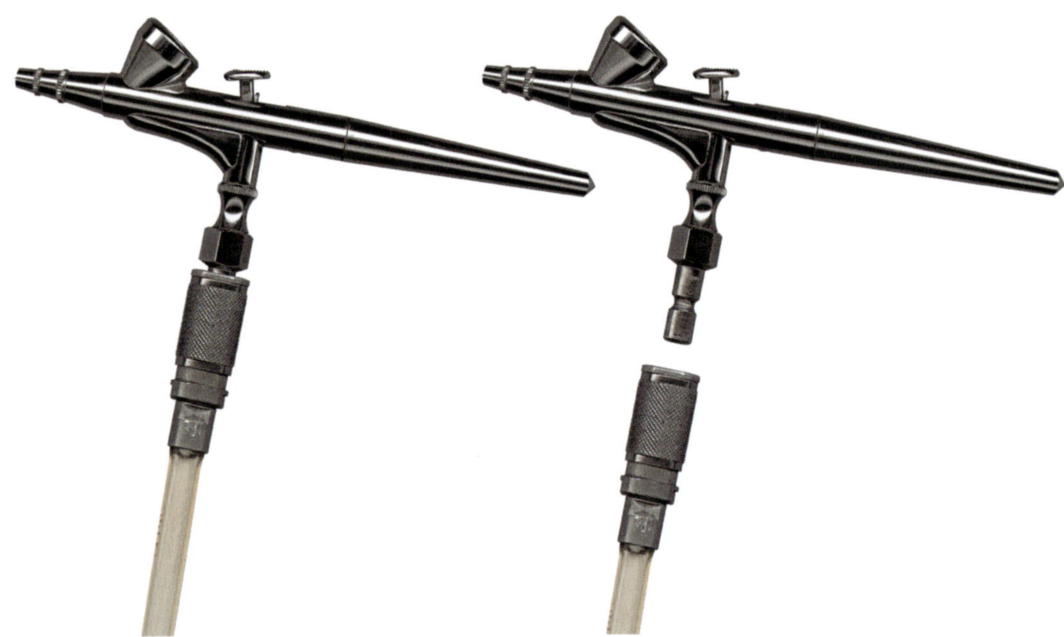

1.4.2-15 Ein von der Art der Druckquelle unabhängiger Bestandteil jedes Antriebssystems ist der Schlauch zum Airbrush. Ein solcher Schlauch, der, soweit keine Treibgasdosen verwendet werden und die Druckquelle sich unterhalb des Arbeitsplatzes verstauen lässt, eine Länge von etwa zwei Metern haben sollte, kann aus ummanteltem Kautschuk (Gummi) oder einem Kunststoff bestehen. Transparente Kunststoff-Druckschläuche – bereits im Zusammenhang mit der Bildung von Kondenswasser angesprochen – können für das frühzeitige Erkennen einer verunreinigten Luftzufuhr sehr vorteilhaft sein.

Als Anschluss zwischen einer Druckquelle und dem Schlauch oder dem Schlauch und einem Airbrush dienen oft noch gewöhnliche Schraubverbindungen, die als sogenannte Schlauchanschlussstücke fest mit dem Schlauch verbunden werden. Wesentlich zweckmäßiger als diese meist mit Geräten mitgelieferten Schlauchanschlussstücke sind jedoch Schnellkupplungen, die durch ein kurzes Zurückziehen des Kupplungsrings umgehend das Abnehmen und Ansetzen eines Airbrushs (vielfach auch des Schlauchs am Druckminderer) gestatten. Ein Ventil innerhalb des größeren „Handstücks" unterbindet mit dem Unterbrechen der Verbindung die Luft- oder Treibgaszufuhr, sodass beim Abnehmen / Austauschen eines Airbrushs der Auslassdruck des Antriebs nicht verändert werden muss. Schnellkupplungen bieten daher nicht nur für den Profi eine sehr zweckmäßige Arbeitserleichterung, zumal sie mittlerweile wesentlich feiner und leichter als auf dem Foto ausfallen (wo zwecks Veranschaulichung ältere Modelle, die hier und da sicher noch benutzt werden, zu sehen sind).

Auswahlkriterien

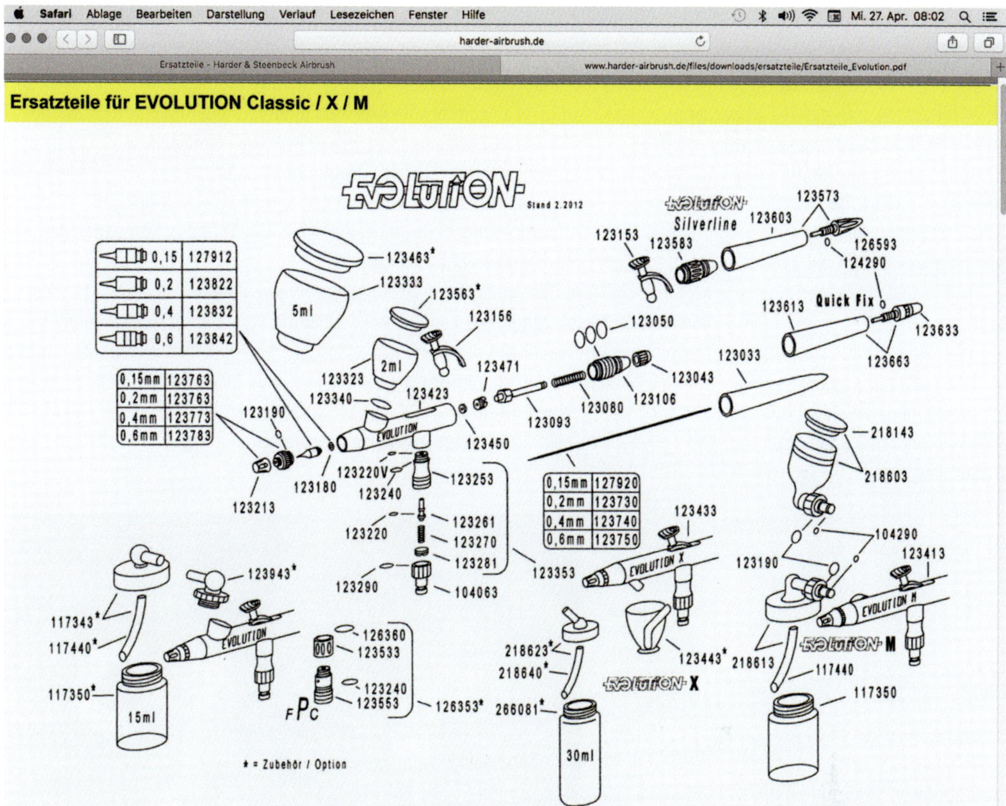

1.4.3-01 Der Airbrush ist ein feinmechanisches Werkzeug mit Verschleißteilen. Ein zentraler Punkt für die Entscheidung zugunsten eines bestimmten Airbrushs / Anbieters ist also erst einmal die Frage, von wem oder woher ich die Geräte und die dazugehörigen Verschleiß- und Ersatzteile problemlos beziehen kann. In der Praxis wird nämlich ein noch so guter Airbrush ernste Probleme aufwerfen, wenn die dafür erforderlichen Ersatzteile nicht oder nur sehr schwer zu bekommen sind.

Das Angebot an kleinen Spritzapparaten umfasst ein breites Spektrum an unterschiedlichen Modellen verschiedenster in- und ausländischer Hersteller und Anbieter. Dabei ist es durchaus möglich, dass sich qualitativ hochwertige Apparate mit doppelter Hebelfunktion in einer mittleren Preiskategorie finden lassen, andererseits aber auch Geräte, die von ihrer Handhabung oder Verarbeitung her eher enttäuschend sind, überteuert angeboten werden. Wenig sinnvoll ist es in jedem Fall, einen billigen Airbrush zu kaufen, dessen Preis sozusagen unter dem Materialwert eines Qualitätsgeräts liegt. Gerade auch dann, wenn es erst einmal nur um das Ausprobieren der Airbrushtechnik gehen soll, ist ein solides Handwerkszeug von großer Wichtigkeit!

Festzustellen ist, dass eigentlich jeder feinere Airbrush eines altbewährten Herstellers ein allgemein gutes Spritzbild erzielt. Für die Frage, welcher Airbrush sich für die eigenen Arbeiten am besten eignet, sollten weitere Aspekte sorgfältig berücksichtigt werden. So ist bei der Auswahl eines Airbrushs stets von dem Verwendungszweck auszugehen, für den das Gerät vorgesehen ist. Nach der Größe und Art der durchzuführenden Arbeiten und den dabei zu verspritzenden Farben richtet sich die benötigte Düsengröße und die Art sowie das Fassungsvermögen des Farbbehälters. Den Kauf eines Spritzapparats mit Nadelwegbegrenzung sollte man in jedem Fall dann in Erwägung ziehen, wenn ausgedehnt flächige Farbaufträge oder von der Nadelstellung her gleichbleibende Arbeiten auszuführen sind.

Das Stichwort „Farbzuführung" weist auf ein weiteres, für den Entscheidungsprozess grundlegendes Kriterium hin: Mit welcher Art der Farbzufuhr, also Saug- oder Fließsystem, sollte ein in Betracht kommender Airbrush ausgestattet sein? Ein möglicher arbeitstechnischer Nachteil des Saugsystems ist die Verfügbarkeit der Farbe (siehe 1.4.1-14, Seite 53).

Darüber hinaus wird sich die gründliche Reinigung eines Saugsystem-Airbrushs – bedingt durch die vielfach längeren und oft sehr verwinkelten Farbkanäle – meist aufwendiger gestalten als die eines Fließsystemgeräts. Relevant ist dieser Aspekt insbesondere dann, wenn intensiv mit stark pigmentierten (Airbrush-)Farben gearbeitet werden soll. Als sehr störend können auch die längeren Arbeitsunterbrechungen empfunden werden, zu denen die gründliche Reinigung eines solchen Airbrushs zwingen kann. Vorteilhaft ist ein Saugsystem daher meist erst ab einer bestimmten Farbbehältergröße (mindestens etwa 15 bis 20 ml), wenn aufgesetzte Farbbecher gleichen Fassungsvermögens bei der Arbeit als hinderlich oder für einen kurzfristigen Farbwechsel als nachteilig empfunden werden.

Abhängig von der Art der Farbe und ihrer Pigmentierung lassen sich Pigmentablagerungen natürlich auch an der Nadel, der Düse, im Farbraum, im Farbkanal und eventuell an der Saugkappe nicht ausschließen. Dabei kann als Faustregel gelten, dass, je besser das Material und die Verarbeitung der Teile ist und je weniger eine Nadel durch die Düsenöffnung hervortritt, desto länger wird es dauern, bis es in kritischen Bereichen zu Farbablagerungen kommt.

Da diese Ablagerungen einerseits nach einer bestimmten Arbeitsdauer zu Funktionsstörungen führen, andererseits aber häufig durch das Versprühen eines Lösemittels nicht (vollständig) abzuspülen sind, müssen zum Reinigen gegebenenfalls sowohl die Düse wie auch die Nadel in regelmäßigen Intervallen aus dem Airbrush herausgenommen werden. Der hierfür erforderliche Aufwand wird bei einzelnen Airbrush-Modellen merkliche Unterschiede aufweisen. Eine Ursache dafür kann die Befestigungsart der Düse (geschraubt oder gesteckt) wie auch deren äußere Größe sein. Die äußeren Abmessungen einer Farbdüse spielen dabei insofern eine Rolle, als sich die Düse umso einfacher halten und in der beschriebenen Art sauber machen lässt, je größer sie ist (siehe 1.2-16, Seite 21).

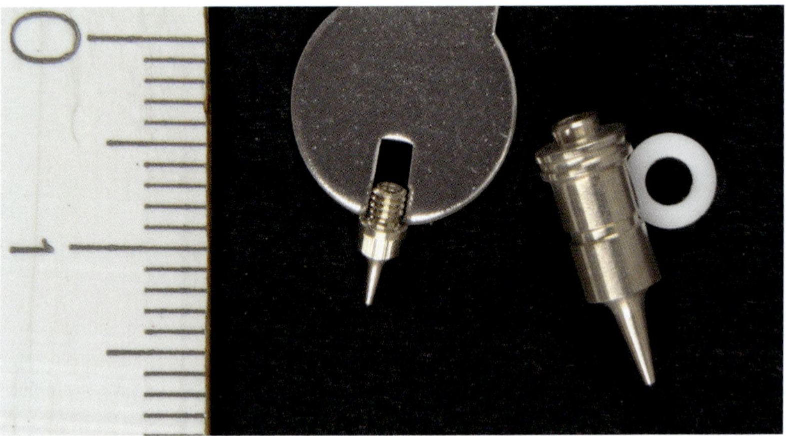

1.4.3-02 Bei eingeschraubten Düsen kommt die Gewindegröße als weiteres Kriterium hinzu. Zum Herausnehmen oder Hineinschrauben von Farbdüsen ist in der Regel ein spezielles – vom Hersteller meist mitgeliefertes – Werkzeug erforderlich. Der Umgang mit einem solchen Düsenschlüssel verlangt vor allem beim Festziehen der Farbdüse eine Menge Fingerspitzengefühl, da für die sehr feinen Gewinde die Gefahr einer Beschädigung recht groß ist (siehe 1.3-29, Seite 37). Erschwerend kommt bei dieser Form der Düsenbefestigung hinzu, dass für eine Reihe solcher Airbrush-Modelle, die keinen Dichtungsring haben, empfohlen wird, das Düsengewinde mit Wachs oder Lack abzudichten, um ein Zurückschlagen der Luft zu verhindern. Fazit: Gemessen an diesem Punkt sind gesteckte, mit einem Dichtungsring versehene Farbdüsen sicherlich unproblematischer.

Die wesentlichen Unterschiede zwischen Geräten mit vergleichbarer Hebelfunktion, Düsengröße und Farbzuführung liegen somit in der Konstruktionsweise einzelner Bauteile, in den Materialien, aus denen sie gefertigt sind, und in der Handhabung und Wartung der einzelnen Apparate. Für die Auswahl eines Airbrushs gibt es deshalb noch eine Anzahl weiterer Aspekte, die die einzelnen Airbrush-Bauteile betreffen. Wenn mit einem Gerät sehr intensiv gearbeitet wird, kann auch die Frage nach den verwendeten Materialien interessant werden.

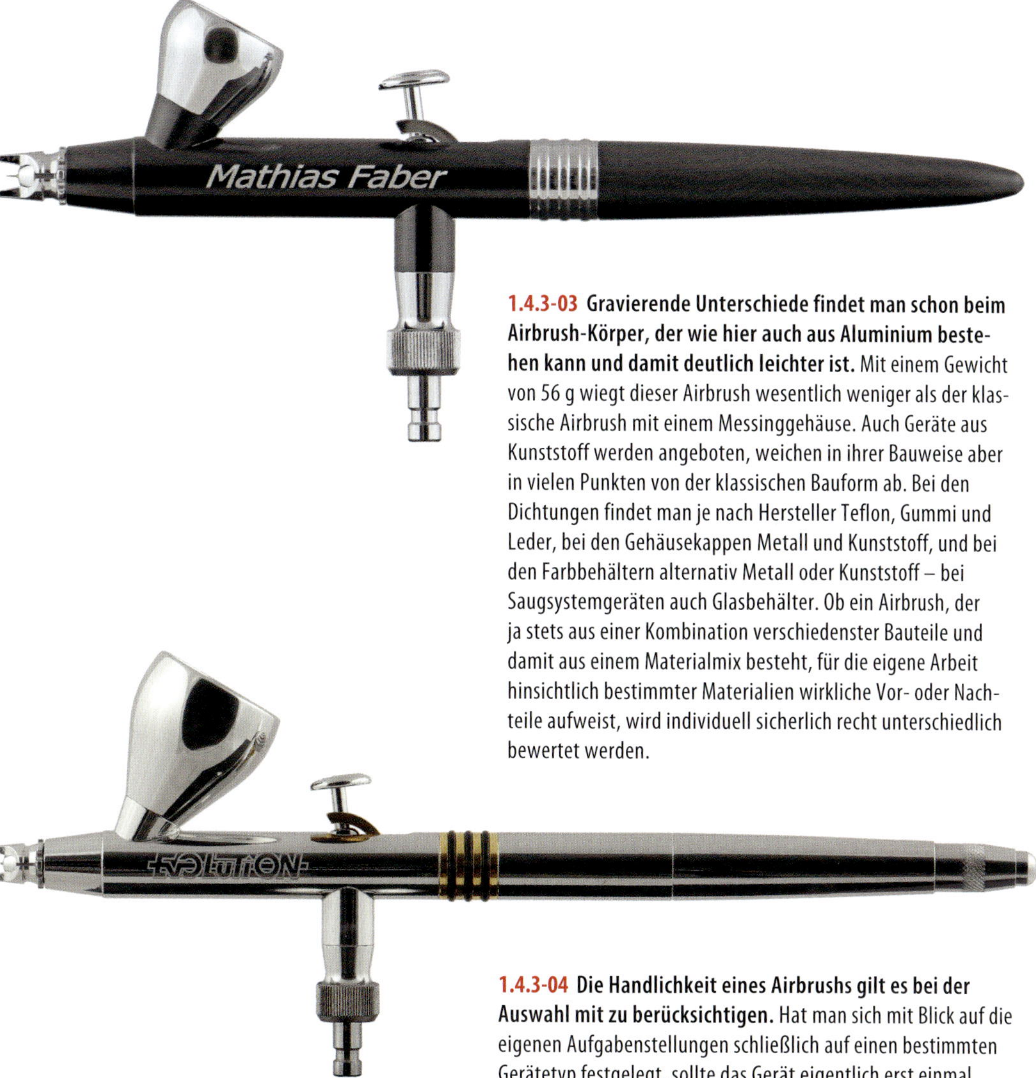

1.4.3-03 Gravierende Unterschiede findet man schon beim Airbrush-Körper, der wie hier auch aus Aluminium bestehen kann und damit deutlich leichter ist. Mit einem Gewicht von 56 g wiegt dieser Airbrush wesentlich weniger als der klassische Airbrush mit einem Messinggehäuse. Auch Geräte aus Kunststoff werden angeboten, weichen in ihrer Bauweise aber in vielen Punkten von der klassischen Bauform ab. Bei den Dichtungen findet man je nach Hersteller Teflon, Gummi und Leder, bei den Gehäusekappen Metall und Kunststoff, und bei den Farbbehältern alternativ Metall oder Kunststoff – bei Saugsystemgeräten auch Glasbehälter. Ob ein Airbrush, der ja stets aus einer Kombination verschiedenster Bauteile und damit aus einem Materialmix besteht, für die eigene Arbeit hinsichtlich bestimmter Materialien wirkliche Vor- oder Nachteile aufweist, wird individuell sicherlich recht unterschiedlich bewertet werden.

1.4.3-04 Die Handlichkeit eines Airbrushs gilt es bei der Auswahl mit zu berücksichtigen. Hat man sich mit Blick auf die eigenen Aufgabenstellungen schließlich auf einen bestimmten Gerätetyp festgelegt, sollte das Gerät eigentlich erst einmal prüfend in die Hand genommen werden. Ausschlaggebend wird sein: das Gewicht, die Größe des Airbrushs, die Anordnung der einzelnen Geräteteile zueinander sowie die individuell empfundene Wartungsfreundlichkeit.

Die Größe eines Geräts und die Anordnung der einzelnen Bauelemente sind dabei in erster Linie in Relation zur Größe der eigenen Hand zu sehen. Die Empfehlung, vor dem Kauf eines Airbrushs das Gerät einmal prüfend in die Hand zu nehmen, bekräftigt auch dieses Beispiel: Läuft die Kuppe des auf dem Funktionshebel liegenden Zeigefingers während der Arbeit ständig Gefahr, auf oder über den Rand des Farbbehälters zu geraten, kann das auf Dauer recht irritierend und hinderlich sein.

Recht entnervend ist es zudem, wenn das ganze Gerät schlicht zu klein für die eigene Hand ist. Damit der Airbrush hier in den großen Händen seines Besitzers nicht „verschwindet“, hat das gezeigte Gerät eine Griffverlängerung aus dem Zubehör bekommen.

1.4.3-05 Die Farbmengenbegrenzung soll trotz Griffverlängerung und größerem Abstand zur Nadel weiterhin funktionieren. Die Nadel ragt nach dem Aufschrauben der Griffverlängerung nur wenig über die Griffverlängerung hinaus und reicht so kaum in die ursprüngliche Griffkappe mit ihrer Nadelwegbegrenzung hinein. Zusammen mit der Griffverlängerung wird deshalb eine Verlängerungsstange geliefert, die innen auf die Nadelwegbegrenzung aufgesetzt werden kann.

1.4.3-06 Ein Airbrush-Sortiment mit Baukastencharakter kann den Nutzungsspielraum eines Apparats merklich erweitern. Ein wichtiger Gesichtspunkt bei der Auswahl des ersten – und für viele, bei denen die Arbeit mit dem Airbrush keinen Schwerpunkt bildet, vielleicht auch einzigen – Spritzapparats kann dessen mögliche Systembauweise sein. Dazu gehört etwa die potenzielle Umrüstung auf unterschiedliche Düsenstärken. Auch die Option, Farbbehälter von unterschiedlicher Größe zu verwenden, kann sehr hilfreich sein. Gerade wenn ein bestimmter Gerätetyp, wie zum Beispiel mit großer Düse und großem Farbbehälter, eher selten gebraucht wird, ist ein kurzzeitiges Umrüsten sinnvoll. Ein Griffstück mit Farbmengenbegrenzung als nachträglich anzubauendes Zubehörteil passt gut dazu.

Vorteilhaft ist in jedem Fall eine Schnellkupplung, die den Airbrush mit dem Druckschlauch verbindet und ein schnelles Abnehmen des Geräts vom Schlauchanschluss erlaubt.

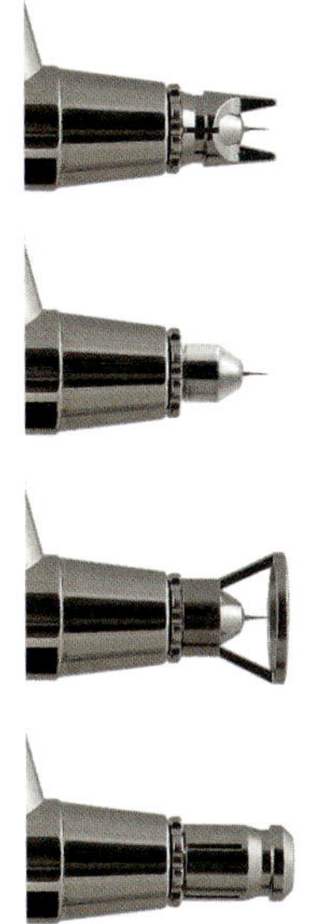

1.4.3-07 Auch bei den Luftkappen gibt es ganz unterschiedliche Konstruktionen. Um möglichst nahe an den Spritzgrund herangehen zu können, sind seitlich offene Nadelschutzkappen wie hier eine gute Wahl. Der Luftstrom kann seitlich abfließen, ohne in den Farbkanal zurückzuschlagen. Solche Nadelschutzkappen haben zudem den Vorteil, dass Farbablagerungen an Nadel und Düse leicht zu entdecken und mit einem weichen, in Reinigungsmittel getränkten Pinsel zu entfernen sind (oberstes Gerät).

Der gezeigte Luftkopf besteht aus zwei Teilen. Die Nadelschutzkappe lässt sich abnehmen (2. von oben) und gegen eine Linealführung austauschen. Mit dieser Linealführung (3. von oben) kann der Luftkopf an der Tuschekante eines (Kurven-)Lineals entlanggeführt werden, sodass schnurgerade Linien ebenso gespritzt werden können wie ganz gleichmäßig gezogene Kurven. Für Transport und Lagerung gibt es eine eigene Schutzkappe, die auf den Luftkopf gesteckt wird.

Der gesamte Luftkopf lässt sich bei vielen Geräten gegen eine Sprenklerkappe aus dem Zubehörsortiment austauschen. Eine solche Sprenklerkappe, die sich optisch kaum von einem herkömmlichen Luftkopf unterscheidet, dient dem gesteuerten Anlegen gezielt grobkörniger Farbaufträge.

Schutzkappen aus Metall gehören zu den selten mitgelieferten „Goodies“ beim Airbrush (unten).

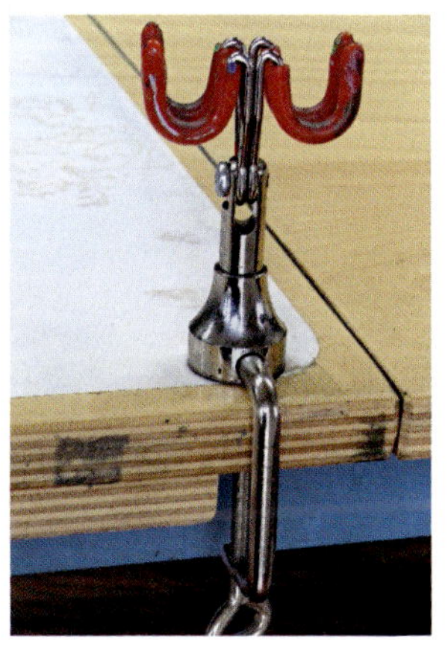

1.4.3-08 Sehr wichtig ist die sorgfältige Auswahl eines Airbrush-Halters. Spritzapparaten wird teilweise werksseitig ein aus Blech gebogener Airbrush-Halter beigelegt, der mit zwei Schrauben am Tisch festgeschraubt werden soll. Da der Airbrush-Halter die Aufgabe hat, als möglichst sicherer Ablageort zu dienen – aus dem der Spritzapparat auch dann nicht gleich herausfällt, wenn einmal ungewollt am Schlauch gezogen wird –, ist der Gebrauch solch gebogener Blechteile nicht empfehlenswert. Robuste Metallhalter, die mit einer Schraubzwinge an der Tischkante befestigt werden, erfüllen diese Aufgabe besser. Die gezeigte Halterung ist für zwei Geräte ausgelegt.

1.4.3-09 Solche Metallhalter sind für fast alle Airbrush-Modelle geeignet. Das bedeutet, dass sie markenübergreifend verwendbar sind. Kommen am Arbeitsplatz verschiedene Apparate – von vielleicht unterschiedlichen Herstellern – zum Einsatz, können die Geräte nebeneinander abgelegt werden. Nach der Montage des Airbrush-Halters und dem Hineinlegen eines am Luftschlauch angeschlossenen Airbrushs kann der obere Teil des Halters gekippt werden, bis der Airbrush auch hinten aufliegt. Der hier abgelegte Airbrush ist über ein Schnellkupplungssystem mit der Luftquelle verbunden. Damit ist ein leichtes Trennen vom Druckschlauch für das intensivere Reinigen oder Warten des Airbrushs ebenso schnell möglich wie ein Gerätewechsel. Die benutzte Schnellkupplung verfügt über einen regulierbaren Luftdurchlass, der an der seitlichen Rändelschraube erkennbar ist. Derartige Schnellkupplungen sind nützlich, wenn zum zwischenzeitlichen Absenken des Luftdrucks der Druckminderer an der Druckquelle nicht nachreguliert werden kann/soll.

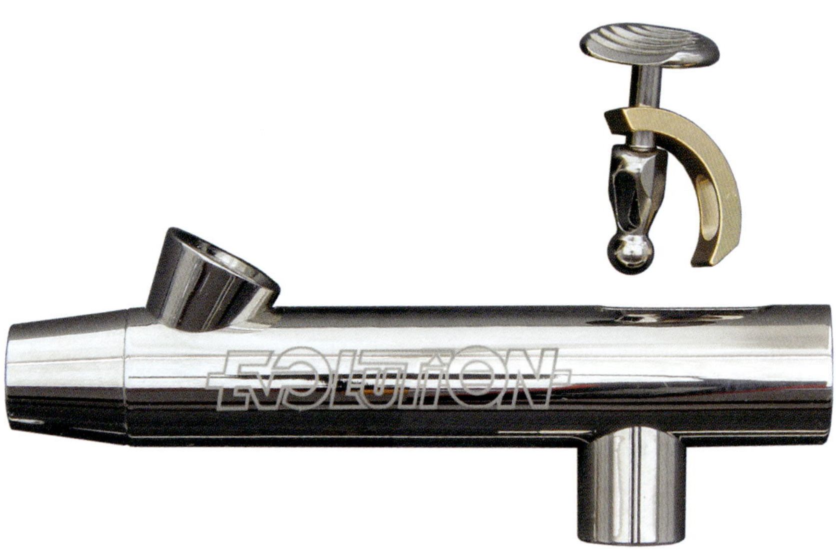

1.4.3-10 Ein voreinstellbares Luftventil gibt es sogar als Austauschteil für das serienmäßig montierte Luftventil. Tauschen lässt sich das Ventil bei Geräten mit unabhängiger Doppelfunktion desselben Herstellers (hier: Harder & Steenbeck). Durch Drehen der äußeren Stellhülse reduziert sich die nominale Luftzufuhr von 100% bis auf 20%. Die Hebelfunktion bleibt dabei genauso erhalten wie bei einer gleich großen Druckreduzierung durch den Druckminderer.

Diese Option, das Luftventil zu tauschen, mag als weiterer Beleg dafür dienen, welche Möglichkeiten zur individuellen Gerätegestaltung in einem Airbrush-Sortiment mit Baukastencharakter / Systembauweise liegen können. Je besser sich Handwerkszeuge auf die individuellen Anforderungen des Anwenders abstimmen lassen, desto entspannter wird er sich auf die eigentlichen Aufgabenstellungen konzentrieren können.

Der Air Eraser

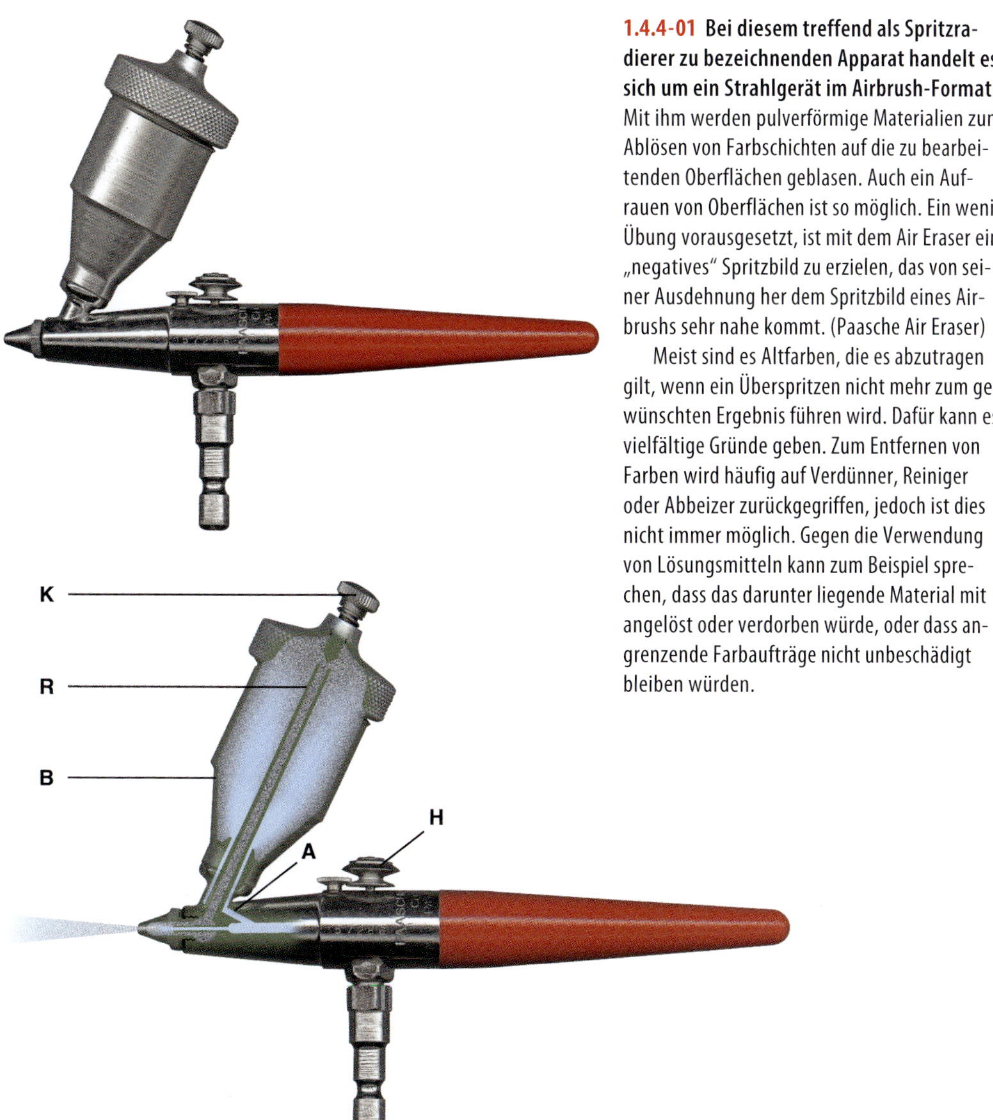

1.4.4-01 Bei diesem treffend als Spritzradierer zu bezeichnenden Apparat handelt es sich um ein Strahlgerät im Airbrush-Format. Mit ihm werden pulverförmige Materialien zum Ablösen von Farbschichten auf die zu bearbeitenden Oberflächen geblasen. Auch ein Aufrauen von Oberflächen ist so möglich. Ein wenig Übung vorausgesetzt, ist mit dem Air Eraser ein „negatives" Spritzbild zu erzielen, das von seiner Ausdehnung her dem Spritzbild eines Airbrushs sehr nahe kommt. (Paasche Air Eraser)

Meist sind es Altfarben, die es abzutragen gilt, wenn ein Überspritzen nicht mehr zum gewünschten Ergebnis führen wird. Dafür kann es vielfältige Gründe geben. Zum Entfernen von Farben wird häufig auf Verdünner, Reiniger oder Abbeizer zurückgegriffen, jedoch ist dies nicht immer möglich. Gegen die Verwendung von Lösungsmitteln kann zum Beispiel sprechen, dass das darunter liegende Material mit angelöst oder verdorben würde, oder dass angrenzende Farbaufträge nicht unbeschädigt bleiben würden.

1.4.4-02 Vom Grundprinzip her ein Single-Action-Gerät, hat der Air Eraser einen Bedienungshebel **(H)** mit einfacher Funktion. Die freigegebene Druckluft strömt zu einem geringeren Teil ihres Volumens durch eine abzweigende Bohrung **(A)** in den geschlossenen Pulverbehälter **(B)**. Dort rührt der von unten her eintretende Luftstrom das bis maximal dreiviertel der Behälterhöhe eingefüllten Strahlmaterial zu einer Staubwolke auf. Durch das in der Mitte des Behälters eingefügte Rohr **(R)** gelangt diese in den Hauptluftstrom; die einzuspeisende Pulvermenge wird dabei mittels einer konischen Kontrollschraube **(K)**, die hier die Nadelfunktion übernimmt, gesteuert.

Die so mit dem Luftstrom auf die zu entfernende Farbschicht geschleuderten Staubpartikel zersprengen diese und reißen die Farbteilchen weg. Dieser Vorgang kann durch die Komponenten Druck, Pulvermenge und -art derart beeinflusst werden, dass nennenswerte Negativkriterien für die meisten Oberflächen ausgeschlossen werden können.

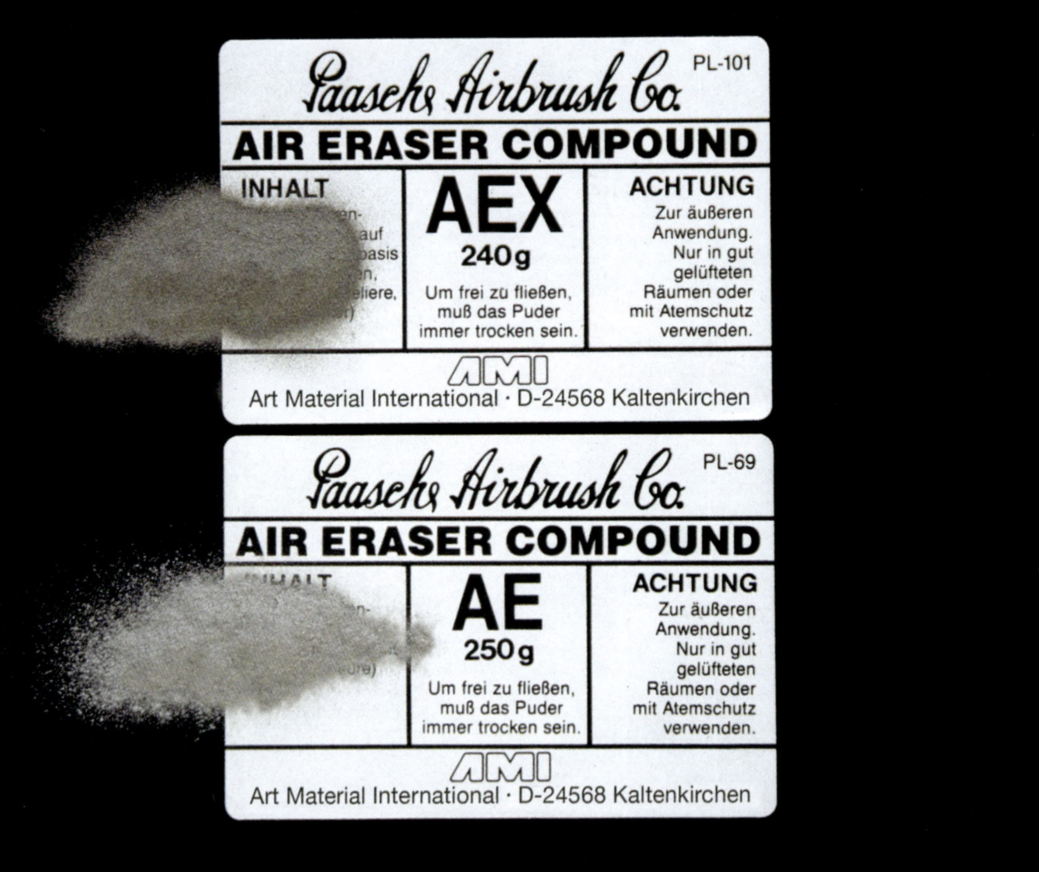

1.4.4-03 Als Strahlmaterial eignen sich für den Air Eraser die speziell dafür angebotenen Substanzen Aluminiumoxid AEX und Bimsstein AE. Auch andere pulverförmige Substanzen von ähnlicher Beschaffenheit lassen sich gegebenenfalls einsetzen. Wichtig ist, dass sowohl das Pulver (das Strahlmaterial) als auch die Druckluft absolut trocken sind, da bereits allerfeinste Klümpchenbildung den Staubstrahl sofort unterbricht. Ist der Air Eraser derart verstopft, hilft auch hier nur das Zerlegen und Reinigen, wie es vom Airbrush her bekannt ist.

Abhängig von der Stärke der Farbschicht ist die Anzahl der Arbeitsgänge, die zum Abtragen der Farbe erforderlich ist. Wie auch beim Spritzen mit dem Airbrush ist es ratsam, lieber vorsichtig und dafür in einer größeren Zahl von Arbeitsgängen vorzugehen. Wurde die zu entfernende Farbe mit einem Airbrush aufgetragen, können angrenzende Oberflächen in vielen Fällen sogar mit Maskiermaterialien (Maskierfilm, -tape, usw.) geschützt werden. Bevor das Strahlmaterial die Maskierung zerstören kann, ist der ehemals gespritzte Farbauftrag bereits entfernt.

Bei der Arbeit mit einem Air Eraser im Atelier ist jedoch Vorsicht geboten. Das leichte und sehr feine Pulver-Farbstaub-gemisch wird durch den vom Untergrund seitlich weggedrückten Luftstrom weiter aufgewirbelt und weiträumig verteilt. Von Herstellerseite werden deshalb spezielle Schutzmasken (!) und Absauganlagen mit entsprechend hoher Leistung empfohlen. Da solche Absauganlagen im eigenen Arbeitsraum / Atelier in den wenigsten Fällen rentabel sein dürften und dies auch für andere Vorrichtungen gilt, sollte man zumindest in geeignete Räumlichkeiten wie offene Garagen oder möglichst sogar ins Freie (bei ordentlich Seitenwind) ausweichen.

Generell warne ich vor der Verwendung von zu leichten Pulvern: Außer einer großen Staubwolke und nachträglichen Reinigungsproblemen werden kaum nennenswerte Resultate zu erzielen sein.

1.4.4-04 Als Mini Sandblaster und als Hobby Abrasive Gun wird dieses Gerät vom Hersteller bezeichnet. Dieser Apparat ist für ähnliche Aufgabenstellungen wie die eines Air Erasers gedacht. Das Strahlmaterial ist wiederum Aluminiumoxid. Aus gerätetechnischer Sicht ist diese Abrasive Gun im Vergleich zum Air Eraser jedoch einfacher gestaltet. Den Unterschied mag die Gegenüberstellung von einer Spray Gun mit einem Airbrush veranschaulichen. Neuere Air Eraser besitzen darüber hinaus hochwiderstandsfähige Spezialeinsätze („carbide inserts") in ihrer Spitze, um den Verschleiß am Gerät zu reduzieren.

Ein Vorteil dieser Abrasive Gun (Badger Model 260) gegenüber dem Air Eraser beim Bearbeiten größerer Oberflächen soll jedoch nicht verschwiegen werden: Das Strahlmaterial muss hier nicht so häufig nachgefüllt werden in ein relativ kleines Reservoir.

Geräte, Markennamen und Hersteller

1.4.5-A1 **„Wo kommt dieser spezielle Airbrush her?** Kann ich mit diesem Gerät arbeiten, oder ist es eher für den Sammler von Interesse? Gibt es für diesen Apparat Ersatzteile, zumindest die wichtigsten, wie Nadel und Düse?"

Oft genug tauchen diese Fragen auf, sei es, dass es bei dem fraglichen Airbrush um ein Geschenk geht, der Airbrush ein Erbstück oder ein „Dachbodenfund" ist, er vielleicht einmal irgendwo erstanden wurde oder gerade als ein scheinbar günstiges Angebot zur Diskussion steht.

Der Airbrush hat als Handwerkszeug eine sehr lange Geschichte, beginnend in der zweiten Hälfte des 19. Jahrhunderts. Verwendung fand und findet er in den unterschiedlichsten künstlerischen und handwerklichen Bereichen. Von der klassischen Fotoretusche und der Malerei über das Schuhmacherhandwerk bis hin zur Porzellanmalerei und dem Modellbau reicht das Spektrum.

So lang wie die mögliche Aufzählung der Aufgabenstellungen fällt dann auch die Liste der Gerätetypen, Anbieter und Hersteller aus. Hier soll es vorrangig darum gehen, erste Anhaltspunkte rund um die wichtigsten Namen in Sachen Airbrush zu geben. Der einen oder anderen technischen Besonderheit darf dabei besondere Aufmerksamkeit zukommen. Natürlich gibt es in der Welt des Airbrushs noch weitaus mehr Lieferanten (und konstruktive Spezialitäten), und neue werden hinzukommen. Historische Entwicklungen werden besonders für Sammler interessant sein, Neuerscheinungen sind auf Qualität und tatsächliche Herkunft zu hinterfragen.

1.4.5-A2 AEROGRAF Dieser offensichtlich in Russland hergestellte Airbrush stellt eine echte Besonderheit dar. Der seitliche Bedienhebel, der zurückgezogen wird, steuert über einen parallel zum Farbkanal verlaufenden Stößel den Nadelhub und damit die freigegebene Farbmenge. Dieser Stößel sollte stets gut gefettet sein!

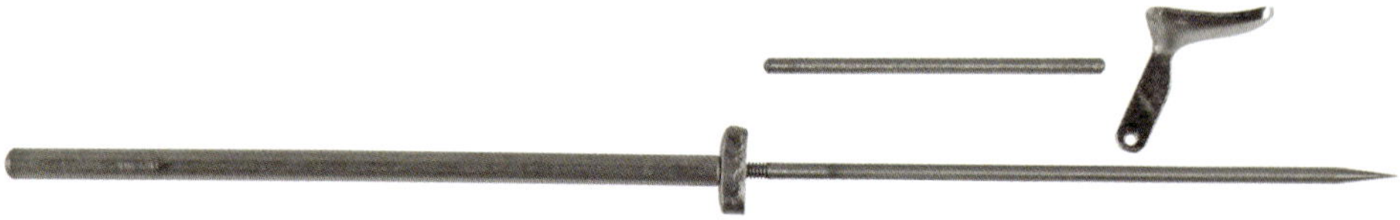

1.4.5-A3 Die Nadel ist zweigeteilt. Der feine, gerade verlaufende vordere Teil ist in den hinteren Nadelteil, der die Stößelnocke trägt, hineingeschraubt. Ein Luftventil besitzt das Gerät nicht. Das hat zur Folge, dass zur Unterbrechung der Luftzufuhr entweder ein kleiner Kompressor ohne Lufttank mit einem Fußschalter ein- und ausgeschaltet wird, oder aber der Airbrush bei Arbeitsunterbrechungen vom Luftschlauch abgenommen werden sollte (Schnellkupplung).

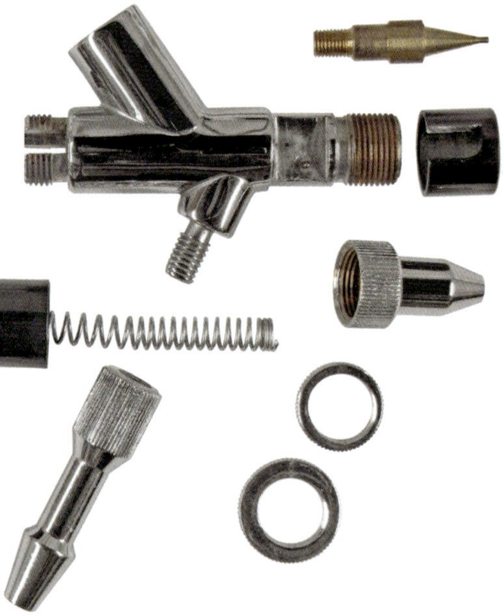

Die Farbdüse wird geschraubt und verfügt dank ihrer ordentlichen Größe über ein stabiles Gewinde. Eine Teflondichtung dichtet die Düse zusätzlich ab. Die Luftkappe ist einteilig und ohne besondere Schutzvorrichtungen für die Nadelspitze und für die Düsenöffnung.

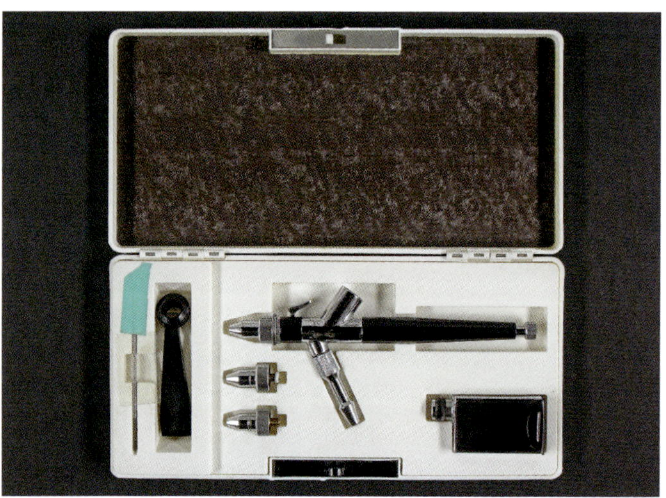

1.4.5-A4 Düse und Saugkappe sind austauschbar (0,3 mm / 0,4 mm / 0,8 mm). Die jeweilige Bemaßung ist äußerlich anhand von „Ringen" leicht zu erkennen. Die Düsensätze gehören zusammen mit zwei Nadeln zum Lieferumfang. Der abnehmbare, eckige Farbbehälter ist aufgrund seiner Form gewöhnungsbedürftig und bedarf etwas größerer Sorgfalt beim Reinigen. Unter dem Deckel des Farbbehälters findet sich eine Nummer, die mit der auf der Spritzprobe übereinstimmt. Die Bedienungsanleitung mit Schnittzeichnung ist auf das Jahr 1997 datiert.

1.4.5-A5 Aztek Die ersten Aztek-Spritzapparate kamen als Kodak-Produkt in den 1980er-Jahren auf den Markt. Vertrieben wird die erweiterte Aztek-Baureihe inzwischen von der Testor Corporation (Testors), einem amerikanischen Anbieter, der in Europa besonders durch seine Model-Master-Farben bekannt ist.

Im Forum einer amerikanischen Modellbauzeitschrift fand sich am 6. Juli 2007 ein Post mit dem Betreff: „Aztek - pls. don't hate" und im weiteren mit der Feststellung: „I'm not going to sit here and write something to contradict all of those users out there with bad experiences." (Zu Deutsch etwa: „Aztek – bitte nicht hassen." „Ich werde nicht hier sitzen und etwas schreiben, um all den Anwendern da draußen, die schlechte Erfahrungen gemacht haben, zu widersprechen.")

Wahrscheinlich wird kaum ein anderer Spritzapparat die Anwender so polarisieren können wie die Aztek. Ein Großteil der Bauteile ist aus Kunststoff, die unorthodox geformte Aztek 3000 S wiegt laut Herstellerangaben gerade einmal 40 g. Düse und Nadel befinden sich in einem austauschbaren Bauteil, es gibt vier davon: Düse fein (weiß), Düse mittel (blau), Düse breit (grün), Düse Sprenkel (rot). Schon diese Maßangaben werden den geübten Anwender etwas ratlos machen. Erwähnenswert ist auch, dass im Gerät kein Luftventil im herkömmlichen Sinn vorhanden ist. Zum Unterbrechen der Luftzufuhr wird der Druckschlauch innerhalb des Gehäuses einfach abgeklemmt.

Neuere Sets (siehe Foto oben) verfügen über mehr und anders gefärbte Düsen mit genaueren Größenangaben: Fineline (Tan) 0,3 mm / General Purpose (Gray) 0,4 mm / High Flow (Turquoise) 0,5 mm / Spatter (Pink) 0,5 mm / Small Coverage (Red) 0,53 mm / Medium Coverage (Orange) 0,7 mm / Large Coverage (Yellow) 1,02 mm / Acrylic General Detail (Black) 0,4 mm / Acrylic High Flow (White) 0,5 mm.

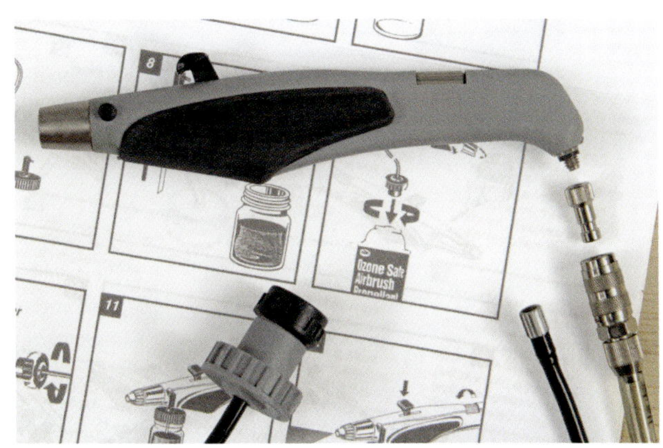

1.4.5-A6 Der mitgelieferte Schlauch ist zum Anschluss der Aztek an eine Treibgasdose vorgesehen. Wer sich mit diesem Spritzapparat ausführlicher beschäftigen will und ihn an einen Kompressor anschließen möchte, kann einen passenden Anschlussnippel für ein Schnellkupplungssystem dazukaufen (Harder & Steenbeck).

1.4.5-B1 Badger AirBrush Company Die in Chicago (USA) Anfang der 1960er-Jahre gegründete Badger Air-Brush Company spricht von Anfang an gezielt Hobbybereiche wie den Modellbau an. Dies spiegelt sich auch in der späteren Zusammenarbeit mit Revell und CREATEX wider. 1999 übernimmt Badger den ebenfalls in Chicago ansässigen Hersteller Thayer & Chandler. Badger hat ein breites Airbrush-Angebot bis hin zum kleinen Sandstrahlgerät (siehe 1.4.4-04) und gehört zu den großen Anbietern.

1.4.5-C1 CREATEX Die CREATEX GmbH ist seit 1993 Importeur und Großhändler für Airbrush-Produkte. Neben den Airbrush-Sortimenten von Iwata und Badger werden und wurden auch Spritzapparate großer Hersteller unter dem eigenen Label CREATEX vertrieben. So entsprach das Modell CREATEX GOLDEN EAGLE der Badger 150.

1.4.5-D1 DeVilbiss Der Markenname DeVilbiss gehört beim Thema Airbrush zu den bekanntesten der Vergangenheit. Der in England gefertigte Klassiker Super 63E war bei den Anwendern ebenso geliebt wie gehasst. Geliebt, weil sich sehr feine Farbaufträge mit diesem Airbrush realisieren lassen, gehasst, weil er sehr empfindlich und nicht sehr instandsetzungsfreundlich war.

1.4.5-D2 Die konstruktiven Details des Bedienhebels und seines Umfelds sind recht speziell. Spätestens wenn die Nadelpackung ersetzt werden muss, ist der Bedienhebel herauszunehmen, und dies kann für den ungeübten Anwender ohne Spezialwerkzeuge zur echten Geduldsprobe werden. Am Bedienhebel sitzt ein Hebelmechanismus, der mit einer kleinen Schraube am Gehäuseboden hinter dem Einstellring gehalten wird (um den Aufbau des Bedienhebelmechanismus anschaulich zu zeigen, sind über dem Gehäuse zwei zusätzliche Bedienhebel zu sehen). Die kleine Schraube von unten her wieder in den Bedienhebelmechanismus zu schrauben, nachdem der Bedienhebel wieder eingesetzt wurde, erfordert uhrmacherisches Geschick!

Das Luftventil der Super 63 war bis 1980 so konstruiert, dass an seiner Oberseite eine „diaphragm-type"-Dichtung saß, wie sie auf dem Foto unterhalb des Farbbehälters zu sehen ist. Diese Dichtung lässt sich nur mit Spezialwerkzeugen austauschen, wenn sie undicht ist („You are advised to seek expert help from your dealer if this is the case; special tools are required for replacing the assembly"). Für Geräte ab Baujahr 1980 behebt ein neu konstruiertes Ventil diese Schwierigkeit.

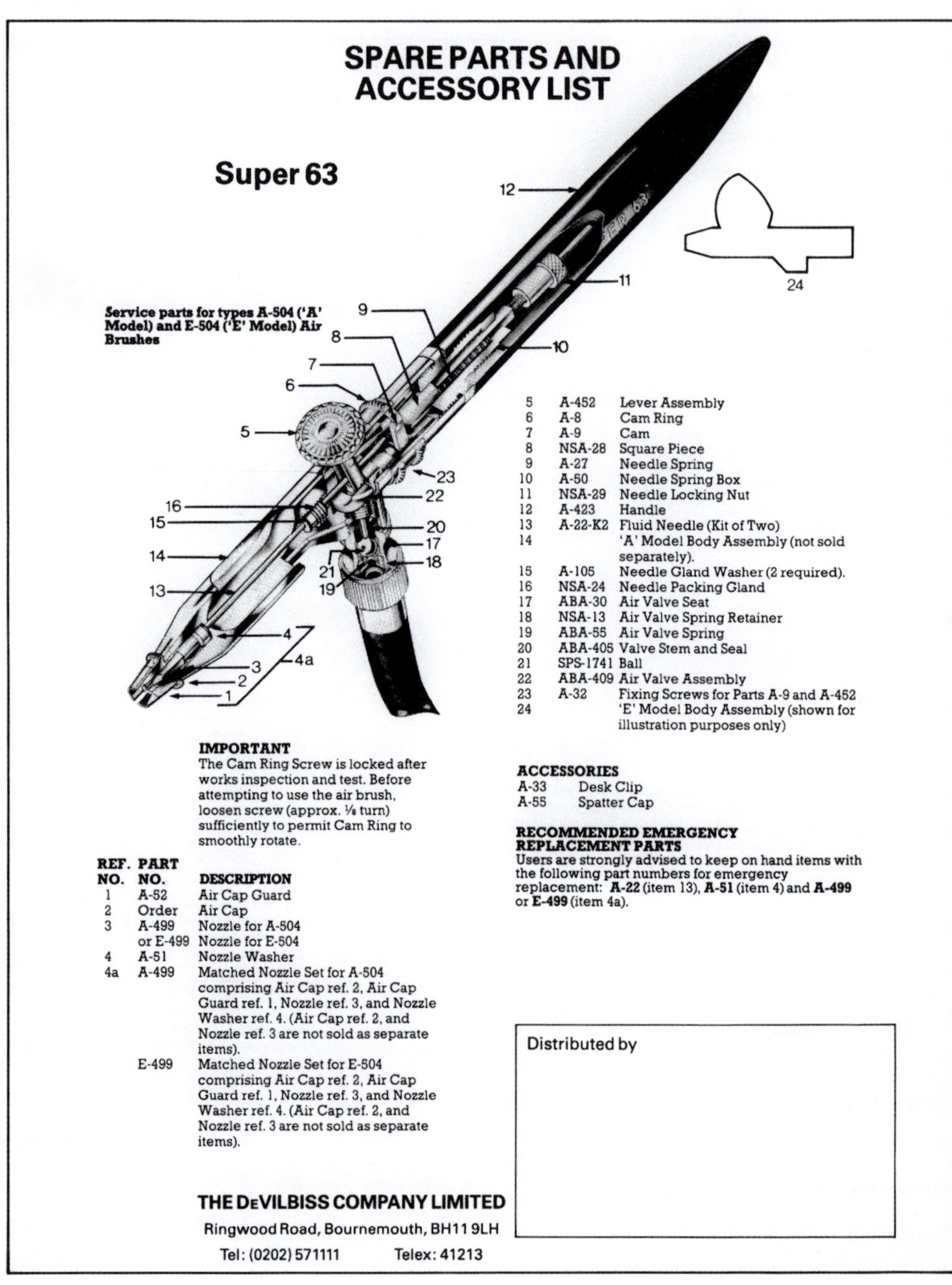

SPARE PARTS AND ACCESSORY LIST

Super 63

Service parts for types A-504 ('A' Model) and E-504 ('E' Model) Air Brushes

IMPORTANT
The Cam Ring Screw is locked after works inspection and test. Before attempting to use the air brush, loosen screw (approx. ⅛ turn) sufficiently to permit Cam Ring to smoothly rotate.

REF. NO.	PART NO.	DESCRIPTION
1	A-52	Air Cap Guard
2	Order	Air Cap
3	A-499	Nozzle for A-504
	or E-499	Nozzle for E-504
4	A-51	Nozzle Washer
4a	A-499	Matched Nozzle Set for A-504 comprising Air Cap ref. 2, Air Cap Guard ref. 1, Nozzle ref. 3, and Nozzle Washer ref. 4. (Air Cap ref. 2, and Nozzle ref. 3 are not sold as separate items).
	E-499	Matched Nozzle Set for E-504 comprising Air Cap ref. 2, Air Cap Guard ref. 1, Nozzle ref. 3, and Nozzle Washer ref. 4. (Air Cap ref. 2, and Nozzle ref. 3 are not sold as separate items).
5	A-452	Lever Assembly
6	A-8	Cam Ring
7	A-9	Cam
8	NSA-28	Square Piece
9	A-27	Needle Spring
10	A-50	Needle Spring Box
11	NSA-29	Needle Locking Nut
12	A-423	Handle
13	A-22-K2	Fluid Needle (Kit of Two)
14		'A' Model Body Assembly (not sold separately).
15	A-105	Needle Gland Washer (2 required).
16	NSA-24	Needle Packing Gland
17	ABA-30	Air Valve Seat
18	NSA-13	Air Valve Spring Retainer
19	ABA-55	Air Valve Spring
20	ABA-405	Valve Stem and Seal
21	SPS-1741	Ball
22	ABA-409	Air Valve Assembly
23	A-32	Fixing Screws for Parts A-9 and A-452
24		'E' Model Body Assembly (shown for illustration purposes only)

ACCESSORIES

A-33	Desk Clip
A-55	Spatter Cap

RECOMMENDED EMERGENCY REPLACEMENT PARTS
Users are strongly advised to keep on hand items with the following part numbers for emergency replacement: **A-22** (item 13), **A-51** (item 4) and **A-499** or **E-499** (item 4a).

Distributed by

THE DeVILBISS COMPANY LIMITED
Ringwood Road, Bournemouth, BH11 9LH
Tel: (0202) 571111 Telex: 41213

1.4.5-D3 Die historische Schnittzeichnung entpuppt sich als nur bedingt hilfreich. Von den zu erwartenden Schwierigkeiten, die eben geschildert wurden, ist für den unvoreingenommenen Anwender nur wenig zu ahnen. Ein Luftventil, das vor 1980 hergestellt wurde, lässt sich an seinen konkaven Seitenwänden (siehe Zeichnung) erkennen, ein nach 1980 gebautes Ventil an seiner Röhrenform (siehe Foto 1.4.5-D2).

1.4.5-D4 DeVilbiss GB hat im Airbrush-Bereich mit wechselnden Partnern zusammengearbeitet. 1993 kommt es zu einem Joint Venture mit Letraset. Es werden vier Fischer-Modelle bei DeVilbiss in Bournemouth baugleich zu DeVilbiss-Geräten produziert. Mit dem Aus des Letraset-Airbrush-Programms endet auch die Airbrush-Produktion in Bournemouth.

1.4.5-E1 EFBE Im Gründungsjahr des Bauhauses, 1919, begann in Deutschland auch der bis heute bekannte Hersteller EFBE Friedrich Boldt mit der Produktion seiner Spritzapparate. Die bekanntesten Airbrush-Modelle waren das Modell A mit einer Farbmulde (siehe Foto), B1 „fest" mit einem von oben eingelassenen Fließbehälter (2 cm^3), B1 „drehbar" mit einem seitlich angesetzten Fließbehälter aus Metall (6 cm^3) und C1 „drehbar" mit seitlich angesetztem Metallfarbbecher (6 cm^3, Saugsystem, Bajonettverschluss, fünf Stück als Standardzubehör). Die Geräte besitzen eine gekoppelte Doppelfunktion (Fixed-Double-Action). Ab 1987 wird die geschraubte Farbdüse durch eine Steckdüse ersetzt. 2014 stellte EFBE den Betrieb ein.

1.4.5-F1 Fengda Der Markenname Fengda gehört der seit 1993 aktiven Fenhua Bida Machinery Manufacture Co. in Zhejing (Volksrepublik China). Dort werden nach eigenen Angaben 500 000 Airbrush-Sets und 200 000 ölfreie Kompressoren pro Jahr produziert und in über 100 Länder weltweit verkauft. Die Geräte sind im untersten Preissegment anzusiedeln und nicht nur unter Fengda, sondern auch unter anderen Handelsnamen zu finden. Auch die Firma Gabbert beschäftigte sich ab 2010 eine Zeit lang mit Fengda-Spritzapparaten.

1.4.5-F2 Aérographes L. Fischer 1936 begann Ladislav Fischer, nachdem er rund sechs Jahre bei DeVilbiss gearbeitet hatte, unter seinem Namen mit der Produktion eigener Geräte in Paris. 1984 bringt Letraset (Deutschland) dieses Airbrush-Sortiment auf den deutschen Markt. Die Airbrush-Modelle A 01 (0,1 mm Düse/Farbmulde), B 02 (0,2 mm Düse/kleiner Farbbehälter) und B 03 (0,3 mm Düse/Kugelbehälter) erweisen sich als einfach aufgebaute, gut zu handhabende Geräte. 1989 übernimmt Letraset die Firma Fischer und verlagert sie nach England (Ashford, Kent).

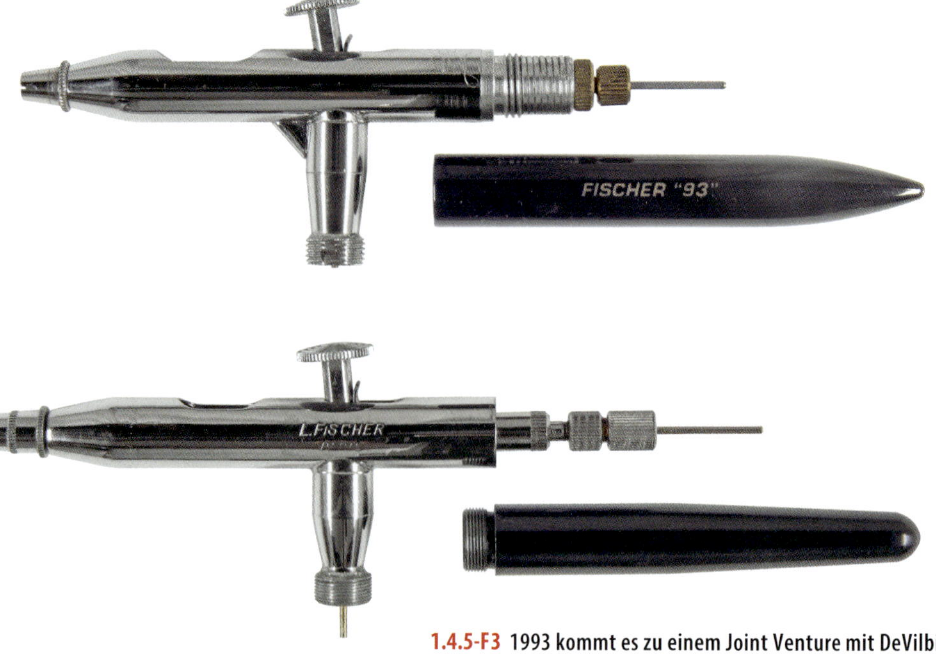

1.4.5-F3 1993 kommt es zu einem Joint Venture mit DeVilbiss (für Europa). Vier Fischer-Modelle werden bei DeVilbiss baugleich zu DeVilbiss-Geräten produziert. Auf dem Foto ist unten der ursprüngliche Fischer-Airbrush A 01 zu sehen, darüber das als FISCHER „93“ ausgelieferte Folgemodell. Im direkten Vergleich sind die erheblichen Unterschiede augenfällig, wesentliche Bauteile der FISCHER „93“ sind nun „englischer Bauart“. Mit dem Aus des Letraset-Airbrush-Programms endet auch die Airbrush-Produktion bei DeVilbiss in Bournemouth.

1.4.5-G1 GABBERT In der DDR ist Ende der 1970er-Jahre die Firma Prinz-Feinmechanik der einzige noch verbliebene Privatbetrieb, der unter denkbar schwierigsten Bedingungen bis 1981 weiter feine Spritzapparate baut. 1983 übernimmt der Ingenieur Manfred Gabbert die Nachfolge der Firma Prinz-Feinmechanik und baut Apparate, die den alten GRAFO-Geräten sehr nahe kommen (Zitat Manfred Gabbert: „Ein seit fast 80 Jahren bewährtes System und ein unverwüstliches Qualitätsprodukt für feinste Airbrush-Arbeiten. Das Konstruktionsprinzip wurde schon 1946 von Ing. Hiekel entwickelt und gebaut. Weiterentwicklungen wurden bis 1987 von der Firma Grafo in Kronberg und bis 1981 von der Firma Prinz in Leipzig gefertigt. 1983 wurde die Leipziger Firma übernommen. Die Spritzgeräte wurden danach nach technologischen Gesichtspunkten geändert, aber wichtige Teile wurden unverändert übernommen und sind damit auch als Ersatzteile für fast alle Geräte einsetzbar.")

1.4.5-G2 1998 entsteht das Modell Triplex (siehe 1.4.1-25, 1.4.1-26, Seite 61). Das Foto zeigt die Baunummer 108 einer vergoldeten Sonderedition (20 Jahre Gabbert-Airbrushtechnik 1983–2003). Ab 2003 baut die Firma Gabbert-Airbrushtechnik zusammen mit Rothe Feinmechanik Geräte.

Ab 2010 importierte Gabbert auch eine Zeit lang chinesische Fengda-Geräte, überarbeitete sie und rüstete sie zum Teil mit eigenen Bauteilen (Steckdüsen) nach. Die Geräte wurden mit fengda.eu sowie Gabbert-Fengda bezeichnet und erhielten eine individuelle Seriennummer.

1.4.5-G3 Grafo Im westlichen Teil Deutschlands beginnt die Firma Grafo-Feinmechanik in Kronberg/Taunus 1948 mit einer eigenen Geräteproduktion. Charakteristisch für die Typen I – III mit gekoppelter Doppelfunktion war, dass ihre Nadel Überlänge hatte und durch eine Bohrung am Ende der Griffkappe nach hinten herausragte. Gehalten wurde diese Farbnadel mit einer von außen zu betätigenden, hinter dem Bedienungshebel platzierten Schraube. Das Zurückziehen der Nadel gestaltete sich daher ebenso einfach wie bei einem Gerät mit freiliegender Nadelführung.1961/62 wurde dieses Konzept dennoch wieder aufgegeben und die überlange durch eine kürzere Nadel ersetzt. Die Praxis hatte gezeigt, dass die Nadel beim Herunterfallen des Spritzapparats häufig die Farbdüse durchstieß. Die Inhaber der Firma Grafo stellten 1987/88 die Produktion aus Altersgründen ein. Die Marke sowie Reparaturen und Ersatzteilversorgung wurden ab 1988 von dem Hamburger Hersteller Harder & Steenbeck übernommen.1996 stellte Harder & Steenbeck seine eigenständige Airbrush-Serie mit dem Namen Grafo vor.

1.4.5-H1 Hansa Die Hansa-Technik GmbH führt ab 1989 als Handelsunternehmen das Label Aero-Pro, unter dem schließlich diverse, in Südostasien gefertigte Airbrush-Baureihen angeboten werden. 1991 gehören professionelle Öl-Kolben-Kompressoren aus europäischer Fertigung ebenso zum Sortiment wie diverses Zubehör. Durch die Vergabe der Fertigung von Düsen, Nadeln und Luftköpfen an Harder & Steenbeck gewährleistet Hansa ab 1997 einen durchgängig hohen Qualitätsstandard. Als Folge des Firmenkonkurses von Hansa im Jahr 2000 wird der Airbrush-Bereich an Harder & Steenbeck verkauft und dort weitergeführt.

1.4.5-H2 Harder & Steenbeck Harder & Steenbeck ist der deutsche Global Player und in Europa derzeit sicherlich an der Spitze in Sachen Airbrush. 1923 als Metallwarenfabrik Harder & Steenbeck von den beiden namengebenden Ingenieuren gegründet, spezialisierte sich der Hersteller ab 1950 auf die Herstellung von Farbspritzapparaten. Schon früh liefert das Unternehmen auch ins europäische Ausland (so nach Dänemark, Finnland, Schweiz).

Am 5. Februar 1954 entstand die erste „Ultra" – nicht zu verwechseln mit dem heutigen gleichnamigen Gerät von Harder & Steenbeck. Die erste „Ultra" folgte dem Heinrich'schen Konstruktionsansatz mit außen liegender, gerade geführter Nadel. Diese Geräte waren nicht nur bei Grafikern, Retuscheuren, Plakatmalern und Künstlern beliebt, sondern auch die Porzellanindustrie sowie Puppen- und Spielzeughersteller, speziell im süddeutschen Raum, setzten sie ein. Dieser Gerätetyp wurde 1995 komplett überarbeitet und ging in das Modell Colani ein, das, technisch erneuert, ein sehr spezielles, ergonomisches Design vom gleichnamigen Designer erhielt.

1.4.5-H3 Mit Grafo lebt eine deutsche Traditionsmarke weiter. Nach über 40 Jahren stellt Harder & Steenbeck 1996 erstmals wieder zwei neue Modelle vor: Die Colani und die Grafo. Mit der Grafo führte das Unternehmen bereits die universell austauschbaren Düsensätze ein. Diese Bauweise wurde in den Folgejahren (vor allem im Zusammenhang mit der *Evolution*) zu einem modellübergreifenden, modularen Konstruktionssystem ausgeweitet.

1.4.5-H4 1998 bringt das Unternehmen erstmals die *Evolution* auf den Markt. Als Topseller des Unternehmens begründet die Evolution die aktuelle Erfolgsgeschichte von Harder & Steenbeck. Von der Markteinführung bis 2013 verkaufte das Unternehmen insgesamt über 80 000 *Evolution*-Modelle.

1.4.5-H5 2006 erfolgt die Markteinführung des neuen Ultra Airbrushs. Das Low-Price-Modell greift den Namen des einstigen erfolgreichen Harder & Steenbeck-Produkts auf, ist aber in Design und Technik eine davon unabhängige Neuentwicklung. Dieser Airbrush wird mit abweichender Modellbezeichnung auch an andere Anbieter geliefert.

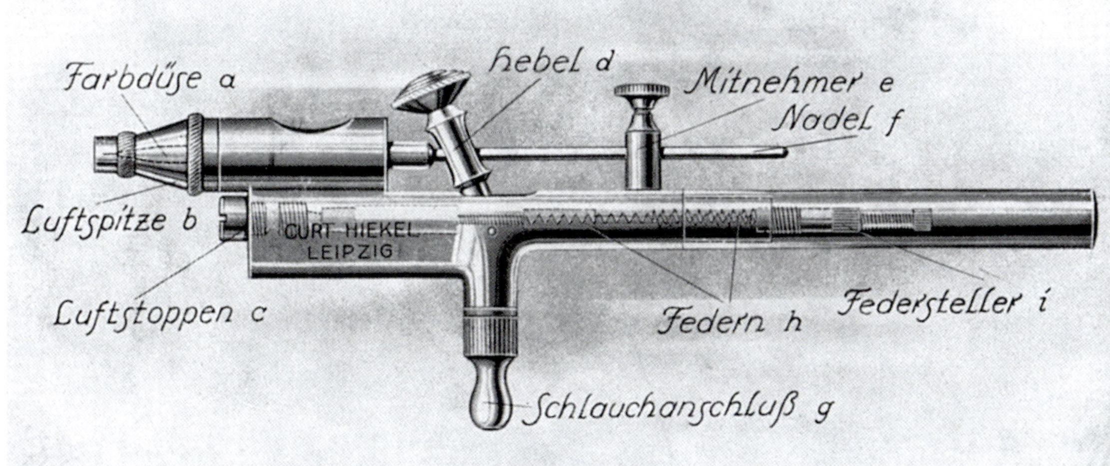

1.4.5-H6 HIEKEL Im Jahr 1905 begann der Ingenieur Otto Heinrich in Leipzig mit dem Bau eines eigenen, patentrechtlich geschützten Retuschier-Spritzapparats. Eine augenfällige Besonderheit dieses Geräts war die oberhalb des eigentlichen Gerätekörpers angeordnete Farbdüsennadel. Diese Bauweise hatte den Vorteil, dass die robuste Nadel während der täglichen Spritzarbeit schneller herausgezogen, sachgemäß „aufpoliert" und wieder eingesetzt werden konnte, als dies bei ausländischen Fabrikaten möglich war. Die Originalgrafik des Herstellers zeigt den Aufbau des Airbrushs auf gut verständliche Art.

Diese Geräte waren unter den Markennamen Hiekel und Rückriem auch nach dem Zweiten Weltkrieg noch sehr bekannt. Ein Teil der Firma Hiekel produziert bis in die 1960er-Jahre mit dem Inhaberzusatz H. Boskamp in Hersel bei Bonn Spritzapparate.

1.4.5-H7 Humbrol Die 1919 gegründete Firma spezialisierte sich in den frühen 1950er-Jahren auf die Herstellung von Humbrol Plastic Enamel Paint für den Plastikmodellbau. Diese feine, gut spritzbare Ölfarbe gehört zusammen mit der Email Color von Revell zu den Klassikern im Modellbau. Als sogenannter All-Purpose-Airbrush ist dazu nach wie vor eine spray gun unter dem Namen Humbrol im Angebot, jedoch ist Humbrol nie als Hersteller von Spritzapparaten in Erscheinung getreten.

1.4.5-i1 Iwata Der Hersteller ANEST IWATA ist unter den Global Playern aus Japan sicherlich weit vorn und international gut vertreten. 1927 entsteht die erste spray gun, es folgen Kompressoren und ab den 1960er-Jahren diverse Airbrush-Baureihen im obersten und gehobenen Preissegment.

1.4.5-K1 Krautzberger Einer der großen deutschen Hersteller von feinen Spritzapparaten vor dem Zweiten Weltkrieg. Die Firma Krautzberger aus Holzhausen bei Leipzig brachte um 1906 Geräte mit außen liegender Nadel, basierend auf einem Deutschen Reichspatent, auf den Markt. Diese Geräte kamen den arbeitstechnischen Wünschen vieler Anwender entgegen: Die außen liegende Nadel ermöglichte ein schnelles Herausnehmen und Säubern von Farbresten, die sich – wie noch heute – vor allem im Bereich der Nadelspitze absetzten. Zum anderen machte sie – sofern die Nadel von oben in den Farbbehälter geführt wurde – die Verwendung einer Nadeldichtung überflüssig, die normalerweise das Auslaufen der Farbe in den hinteren Geräteteil vermeidet. Bis in die 1970er-Jahre erfüllten aus Leder hergestellte Dichtungen diesen Zweck nämlich nur kurzfristig, da sie durch die Farbe regelrecht aufgerieben und schnell undicht wurden.

Neben den Spritzapparaten mit außen liegender Farbnadel wurden bei Krautzberger jedoch auch Airbrush-Modelle englischen und amerikanischen Zuschnitts gefertigt. Die Gerätevarianten mit gleicher Düsenöffnung und gleich großem Farbbehälter gab es also sowohl mit außen als auch mit innen liegender Nadel. Der Firmenprospekt wies den verschiedenen Bauarten jedoch eine eindeutige Wertung zu – zum Nachteil der innen liegenden Nadelführung: „Dieser Apparat, welcher mit durchgehender Nadel versehen ist, dient für die gleichen Arbeiten wie der obige, nur wollen wir hiermit einem Bedürfnis, speziell Anfängern einen billigen Apparat liefern zu können, entsprechen." Nach dem Krieg verlagert Krautzberger den Fokus seiner Tätigkeit auf Kompressoren, Druckluftanlagen und Lackierpistolen. In der DDR verbleibt die Firma als VEB Sprio in Holzhausen, im Westen ist die Firma bis heute in Eltville im Rheingau tätig. Dort ist noch ein Airbrush-Modell „englischen oder amerikanischen Zuschnitts", jedoch mit gekoppelter Doppelfunktion, im Angebot.

1.4.5-L1 Letraset Der aus England stammende Hersteller von Anreibeschriften für die Kreativ-Branche begann 1984 mit dem Deutschland-Vertrieb des Airbrush-Sortiments aus dem Hause Aérographes L. Fischer. 1989 übernahm Letraset Fischer und produzierte unter eigenem Namen, bis 1993 die Produktion im Rahmen eines Joint Ventures an DeVilbiss GB ging. 1990 entstand unter der Federführung von Letraset mit dem Modell AEROSTAR eine recht eigenwillige Airbrush-Konstruktion, die im Hause DeVilbiss nicht weiterproduziert wurde.

1.4.5-01 Olympos Die Airbrush-Serien des weltweit agierenden Anbieters Olympos schienen über Jahrzehnte hinweg fast identisch mit denen von Iwata zu sein. Dies betraf die Gerätetechnik bis hin zu austauschbaren Nadeln, die optische Anmutung und die sehr ähnlichen Gerätebezeichnungen mit sogar gleichen Namenszusätzen (Micron). Lediglich beim Ladenverkaufspreis konnte Olympos deutlich günstiger sein.

Derzeit hat Olympos im Vergleich zu Iwata eine geringere Marktpräsenz, die wohl auf firmeninterne Schwierigkeiten zurückzuführen ist (siehe das Shop Owner's Profile www.olympos-airbrush.jp).

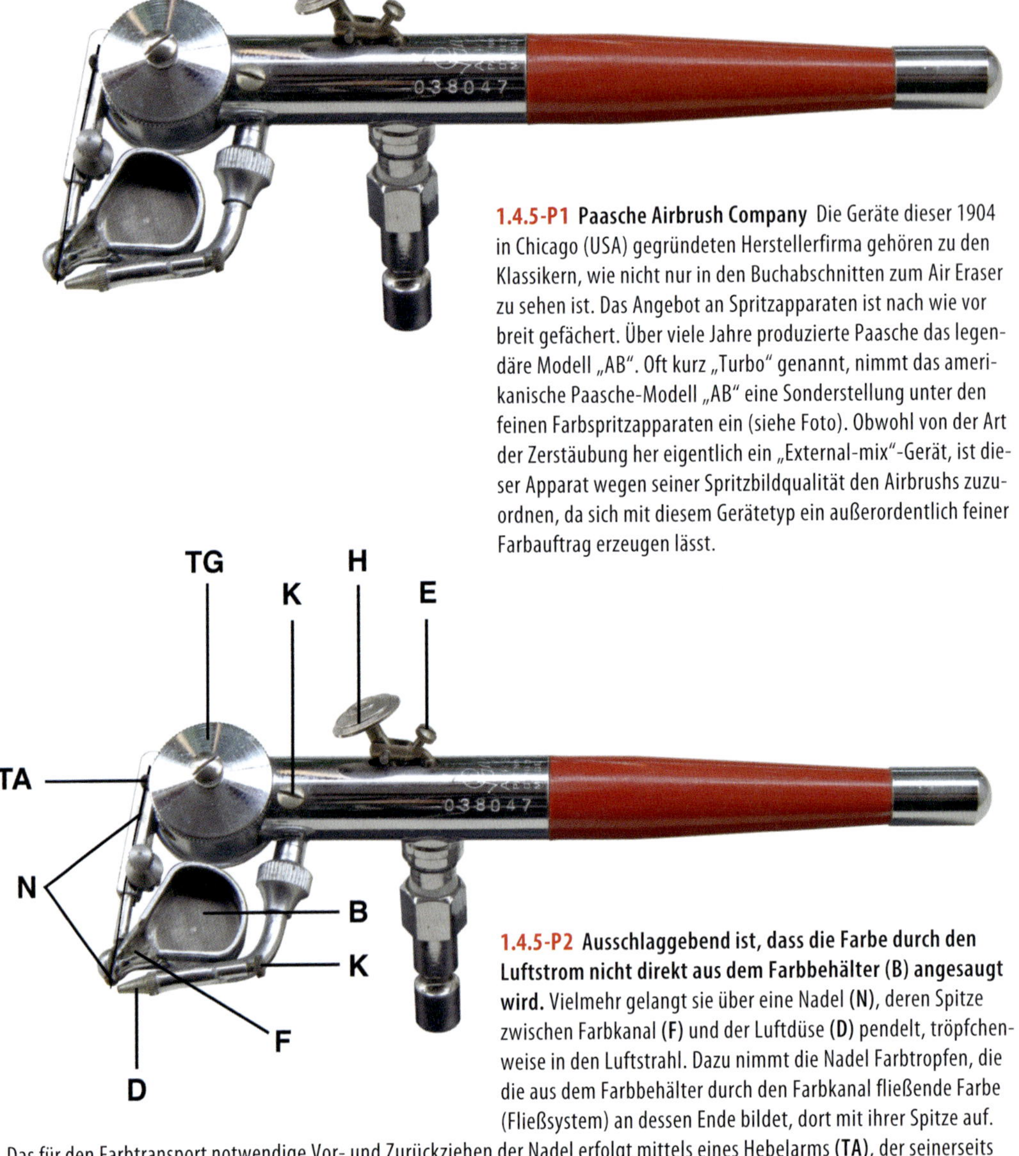

1.4.5-P1 Paasche Airbrush Company Die Geräte dieser 1904 in Chicago (USA) gegründeten Herstellerfirma gehören zu den Klassikern, wie nicht nur in den Buchabschnitten zum Air Eraser zu sehen ist. Das Angebot an Spritzapparaten ist nach wie vor breit gefächert. Über viele Jahre produzierte Paasche das legendäre Modell „AB". Oft kurz „Turbo" genannt, nimmt das amerikanische Paasche-Modell „AB" eine Sonderstellung unter den feinen Farbspritzapparaten ein (siehe Foto). Obwohl von der Art der Zerstäubung her eigentlich ein „External-mix"-Gerät, ist dieser Apparat wegen seiner Spritzbildqualität den Airbrushs zuzuordnen, da sich mit diesem Gerätetyp ein außerordentlich feiner Farbauftrag erzeugen lässt.

1.4.5-P2 Ausschlaggebend ist, dass die Farbe durch den Luftstrom nicht direkt aus dem Farbbehälter (B) angesaugt wird. Vielmehr gelangt sie über eine Nadel (**N**), deren Spitze zwischen Farbkanal (**F**) und der Luftdüse (**D**) pendelt, tröpfchenweise in den Luftstrahl. Dazu nimmt die Nadel Farbtropfen, die die aus dem Farbbehälter durch den Farbkanal fließende Farbe (Fließsystem) an dessen Ende bildet, dort mit ihrer Spitze auf. Das für den Farbtransport notwendige Vor- und Zurückziehen der Nadel erfolgt mittels eines Hebelarms (**TA**), der seinerseits von einem Turbinenrad in Bewegung gesetzt wird. Dieses Turbinenrad, das innerhalb des Turbinengehäuses (**TG**) mit einer Geschwindigkeit von angeblich bis zu 20 000 Umdrehungen pro Minute läuft, verfügt an seiner Achse über eine Nocke, die vom Hebelarm umfasst wird und diesen somit drehzahlabhängig vor und zurück schwenkt.

Der Bedienungshebel (**H**) dieses Geräts hat eine unabhängige Doppelfunktion, die der eines herkömmlichen Airbrushs entspricht. Ein Zurückziehen des Hebels bewirkt auch hier die Einspeisung einer größeren Farbmenge in den Luftstrom, indem sich über den im Turbinengehäuse angewinkelten Hebelarm (**TA**) die Umkehrpunkte der Nadelbewegung verlagern lassen und dadurch dem Luftstrahl mehr Farbe von der Nadelspitze zugeführt werden kann. Die Freigabe der Luftzufuhr erfolgt wie gewohnt über ein Herunterdrücken des Bedienungshebels.

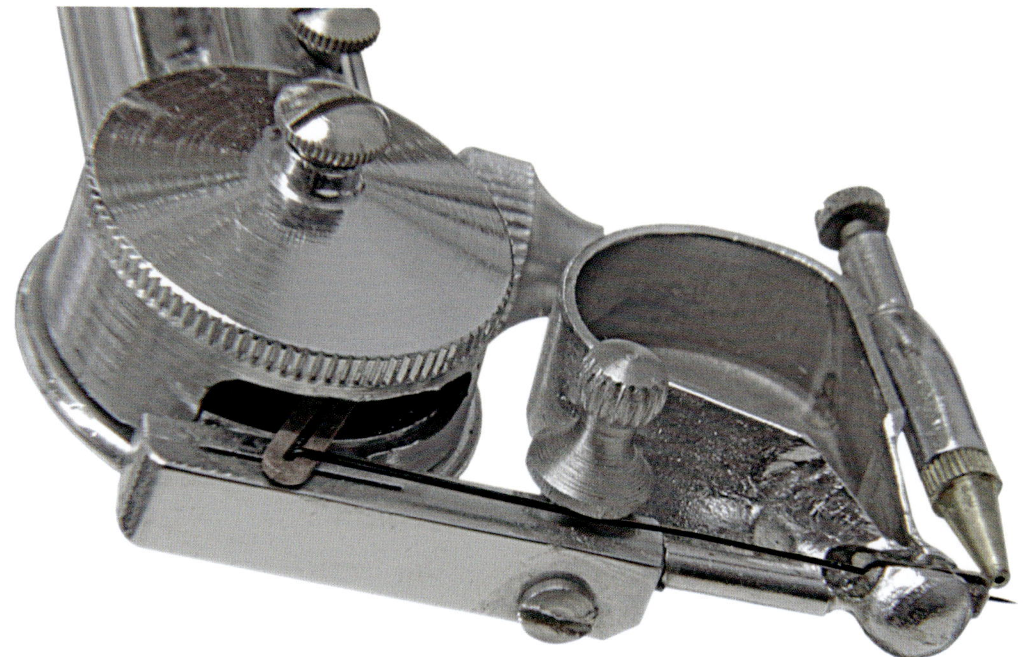

1.4.5-P3 Es gibt zwei unterschiedliche Luftkanäle, die im vorderen Gehäuseteil voneinander abzweigen. Durch sie gelangt die Druckluft auf der einen Seite in das Turbinengehäuse, auf der anderen Seite zur Luftdüse. Der auf das Turbinenrad treffende Luftstrom kann zur Verminderung der Umdrehungsgeschwindigkeit des Rades mit einer vor dem Turbinengehäuse angebrachten Kontrollschraube **(K)** reguliert werden. Zur Drosselung des aus der Luftdüse austretenden Luftstrahls befindet sich eine solche Kontrollschraube **(K)** auch oberhalb der Luftdüse.

Zum Erreichen eines bestimmten Spritzbilds sind bei diesem Gerät dadurch zumindest drei Faktoren – neben dem extern festgelegten Luftdruck – aufeinander abzustimmen:

- der aus der Düse austretende Luftstrom,
- die Drehzahl des Turbinenrads und
- der Nadelweg (durch eine weitere Einstellschraube **(E)** am Bedienungshebel kann dieser hier ebenfalls „vorprogrammiert" werden).

Wesentlich aufwendiger als bei einem gewöhnlichen Airbrush gestaltet sich auch die sachgerechte Wartung dieses Apparats. Bedingt durch die Art des Farbtransports und der teilweise sehr hohen Bewegungsgeschwindigkeiten, die einige Geräteteile während des Funktionsablaufs erreichen können, führen bei diesem Präzisionsinstrument schon kleinere Unregelmäßigkeiten schnell zu Funktionsbeeinträchtigungen. Der Aus- und Einbau einzelner Geräteteile, die für ein störungsfreies Arbeiten regelmäßig gesäubert und, wie im Fall des Turbinenrads, auch gefettet werden müssen (die Turbine verfügt dazu über zwei Fettbuchsen), erfordert ebenso wie das erfahrungsgemäß häufiger vorzunehmende Justieren einzelner Bauteile (Ausrichten von Nadel, Düse) größeres technisches Einfühlungsvermögen und Geschick.

Der arbeitstechnische Vorteil des Turbo-Airbrushs liegt im Wesentlichen in einer sehr feinen Strichführung, die zwar im Einzelfall merklich präziser ausfallen kann als bei einem „klassischen" Airbrush, sich in der Regel aber nur mit sehr dünnflüssigen Farben (vorwiegend Farbstofflösungen) erzielen lässt. Die Anschaffung dieses recht teuren „AB"-Airbrushs wird sich deshalb im Hinblick auf den großen Aufwand, den der Betrieb eines solchen Geräts voraussetzt, nur für einen äußerst kleinen Kreis von erfahrenen Spezialisten lohnen, die entsprechende Arbeiten sehr häufig auszuführen haben (und gegen das Geräusch eines Zahnarztbohrers immun sind!). Für Sammler ist dieser Spritzapparat nach wie vor ein Kultobjekt.

BADGER

Airbrush
Spray Gun Sets

EXKLUSIV
VERTRETEN FÜR DEN MODELL- UND BASTEL-BEREICH
IM SPIELWAREN- UND HOBBY-MATERIAL-FACHHANDEL
DURCH
Revell
REVELL PLASTICS GMBH · D-4980 BÜNDE 1

1.4.5-R1 Revell 1947 in Venice/Kalifornien gegründet, kamen deren Modelle 1956 über das deutsche Tochterunternehmen, die Revell Plastics GmbH, zu den europäischen Modellbauern.

Die feine, gut spritzbare Email Color von Revell gehört zusammen mit der Plastic Enamel Paint von Humbrol zu den Klassikern im Modellbau. Auf dem Gehäuse des Single-Action-Airbrushs auf Seite 54 ist auf der Oberseite *Revell STUDENT* eingraviert, jedoch stellt Revell keine eigenen Spritzapparate her, sondern vertreibt diese nur. In den 1990er-Jahren wurde der Airbrush-Vertrieb, seinerseits von Badger-Geräten, wie folgt beworben: „Revell vertritt exklusiv Badger-Qualität. … Exklusiv für den Spielwarenfachhandel: Geräte zum Airbrushen ‚Made in USA'. Mit dem hohen Qualitätsanspruch des Markführers Badger. Den Service und die Zuverlässigkeit garantiert hierzulande wiederum ein großer Markenname: Revell, der Marktführer im Plastik-Modellbau." (Zitat Prospekt N9540, siehe Foto oben).

1.4.5-R2 Rich/RichPen Dieser Anbieter (Fuso Seiki Co., Ltd., Tokyo) ist seit den 1960er-Jahren im Geschäft und einer der japanischen Global Player. Als Rich im GraphicArt-Fachhandel und bei großen Filialisten in Deutschland vertriebene Airbrush-Baureihen stammen von RichPen. Auch unter dem Namen Tamiya, einem japanischen Global Player in Sachen Modellbau, finden wir Geräte dieses Anbieters, der damit – ähnlich wie Revell – zugekaufte Spritzapparate unter eigenem Namen regional vertreibt.

AIR STOP VALVE
When using the air compressor included in the standard Tamiya Spray-Work Airbrush System, remove air stop valve and spring as shown.
★ Neglecting this will damage the compressor.
★Make sure to attach air stop valve and spring when using a propellant can.

★エアー
★ Check

❸

❹ 塗料の濃さの調節

塗料の濃さは図のように、棒の先
一滴ずつ落ちる程度が最
す。溶剤やうすめ
液を使って濃さを
節して下さい。別売のスペ
アボトルなどをお使いになると便利です。塗料
の濃さは塗料の種類や気候条件によって変わり
ます。不要になったプラスチックモデルの部品
や、プラバンにテスト吹きして調整して下さい。
★下はうすめ方の目安です。参考にして下さい。

1.4.5-R1T3 Das Luftventil kann gegen ein äußerlich gleiches Teil ohne Innenleben ausgetauscht werden. Ein durch dieses Bauteil geschobener Zahnstocher zeigt, dass das Innere leer ist. Laut Tamiya-Bedienungsanleitung muss dieses Teil montiert werden, wenn mit dem Kompressor aus dem *Tamiya-Spray-Work-Airbrush-System* gearbeitet werden soll, da der Kompressor sonst Schaden nimmt. Mit dem Bedienhebel des Airbrushs wird dann nur die Farbzufuhr gesteuert (siehe auch AEROGRAF).

1.4.5-R4 rotring Der 1990 vorgestellte rotring-Airbrush weist neben ergonomischen Designelementen eine Reihe technischer Besonderheiten auf. So ist als Erstes die kurze Nadel zur einfacheren Verarbeitung hochpigmentierter (Künstler-)Farben zu nennen. Die stabile Universalnadel ragt nur wenig über die Düsenöffnung hinaus und Farbablagerungen lassen sich – auch mit dem Finger – schnell und gefahrlos beseitigen. Mit dem Verdrehen des hinter dem Bedienhebel liegenden Einstellrings (mit Skalierung) kommt es zu einer Verkürzung oder Verlängerung der aus zwei Teilen bestehenden Nadelführung. Durch eine Verlagerung des Punkts, von dem aus der Bedienhebel die Nadelführung verschiebt, ist so ein unterschiedlicher Nadelhub bei stets gleichbleibendem Hebelweg möglich.

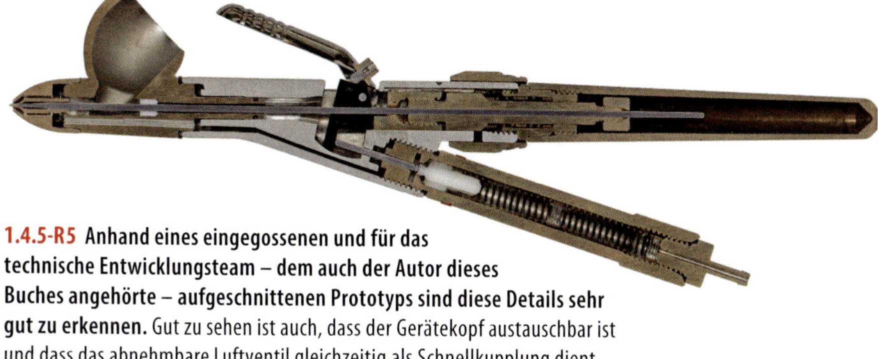

1.4.5-R5 Anhand eines eingegossenen und für das technische Entwicklungsteam – dem auch der Autor dieses Buches angehörte – aufgeschnittenen Prototyps sind diese Details sehr gut zu erkennen. Gut zu sehen ist auch, dass der Gerätekopf austauschbar ist und dass das abnehmbare Luftventil gleichzeitig als Schnellkupplung dient.

1.4.5-R4 Das komplette Set im Holzkasten. Der rotring-Airbrush wurde wahlweise mit je einem Farbaufnahme-System (A = Farbmulde, E = Farbkugelbehälter, C = seitlich ansteckbarer Farbbehälter) oder als komplettes Set mit zwei Düsenstärken (0,2 mm / 0,4 mm) im Holzkasten ausgeliefert.

Ursprünglich gehörte der Markenname „rotring" der *rotring-werke Riepe KG* in Hamburg, die 1998 an das amerikanische Unternehmen Sanford verkauft wurde und deshalb heute Sanford GmbH heißt. Der in Hamburg entwickelte GraphicArt-Bereich mit den flüssigen Acrylfarben und dem Airbrush wurde, zusammen mit allen dort ansässigen Entwicklungsabteilungen und der rotring-Fertigung vor Ort, aufgelöst.

1.4.5-S1 Sparmax Sparmax ist ein 1978 gegründetes Unternehmen der Ding Hwa Co., Taipei, Taiwan. Als einer der ersten Hersteller von ölfreien Kompressoren fertigt Sparmax neben Kompressoren seit über 30 Jahren verschiedene Airbrush-Baureihen und Airbrush-Zubehör in eigener Produktionsstätte in Taiwan. Die Spritzapparate werden hierzulande im unteren Preissegment vertrieben, die Kompressoren erreichen die mittlere Preisklasse.

1.4.5-T1 Thayer & Chandler Bereits 1891 baute Thayer & Chandler nach eigenen Aussagen seinen ersten patentierten Retuschier-Spritzapparat. Im 20. Jahrhundert brachte der in Chicago (USA) ansässige Hersteller seine weithin bekannten Geräteserien unter dem Namen OMNI und VEGA auf den Markt. 1999 wird Thayer & Chandler von der Badger Airbrush Company übernommen, die die Airbrush-Serien aus dem Hause Thayer & Chandler fortführt.

KAPITEL 2

Farben

Eigens gefertigte, mit dem Airbrush angelegte Spritzproben und Farbkarten spielen eine zentrale Rolle. Dies gilt sowohl für das Prüfen der Spritzbarkeit einer Farbe als auch für das sichere Beurteilen von Tonwerten nach dem Auftragen mit dem Airbrush. Dabei lässt sich zugleich prüfen, wie stark eine spritzbare Farbe verdünnt werden sollte, um ein feines Spritzbild, also einen Farbauftrag mit möglichst geringer Körnung, zu erzielen. Hier ist eine solche, selbst angelegte Farbkarte, in Originalgröße zu sehen.

Findungsphase Den richtigen Farbton treffen

2.1-01 Für jedes Farbsortiment gibt es Farbkarten, die die angebotenen Farbtöne aufzeigen. Diese Farbkarten geben, soweit sie in gedruckter oder in digitaler Form vorliegen, die Farben natürlich nur annähernd wieder. Bei gedruckten Farbkarten findet sich deshalb stets ein Hinweis, der so oder so ähnlich lautet: „Drucktechnisch bedingt können zwischen Originalfarben und reproduzierten Farben Abweichungen auftreten." Dies begründet sich schon darin, dass der 4-Farb-Druck als Regeldruckverfahren nur eine begrenzte Farbwiedergabe erlaubt.

Für die Betrachtung digitaler Farbkarten ist die exakte Kalibrierung des Monitors beim Anwender ausschlaggebend – also auch hier sind deutliche Abweichungen einzukalkulieren. Das Gleiche gilt natürlich für Mischtabellen mit Farbfeldern und alle anderen farbigen Vorlagen, egal in welchem der beiden Verfahren sie reproduziert sind.

Für eine exakte Farbwiedergabe gibt es somit keine Alternative zur Originalfarbkarte, also einer Farbkarte mit Farbaufträgen in der Originalfarbe.

2.1-02 Empfehlung: Eine Farbkarte selbst anlegen. Die verlässlichste Grundlage für Entscheidungen bei der Farbauswahl liefern Farbverläufe, die mit einer gut verdünnten Farbe sorgfältig gespritzt sind. Gespritzte Volltonflächen und vielleicht auch überlappende Farbaufträge vervollständigen diese Farbkarte, die sich mit Weißbeimischungen in prozentual gleichbleibender Menge und anderen Abtönungen beliebig erweitern lässt.

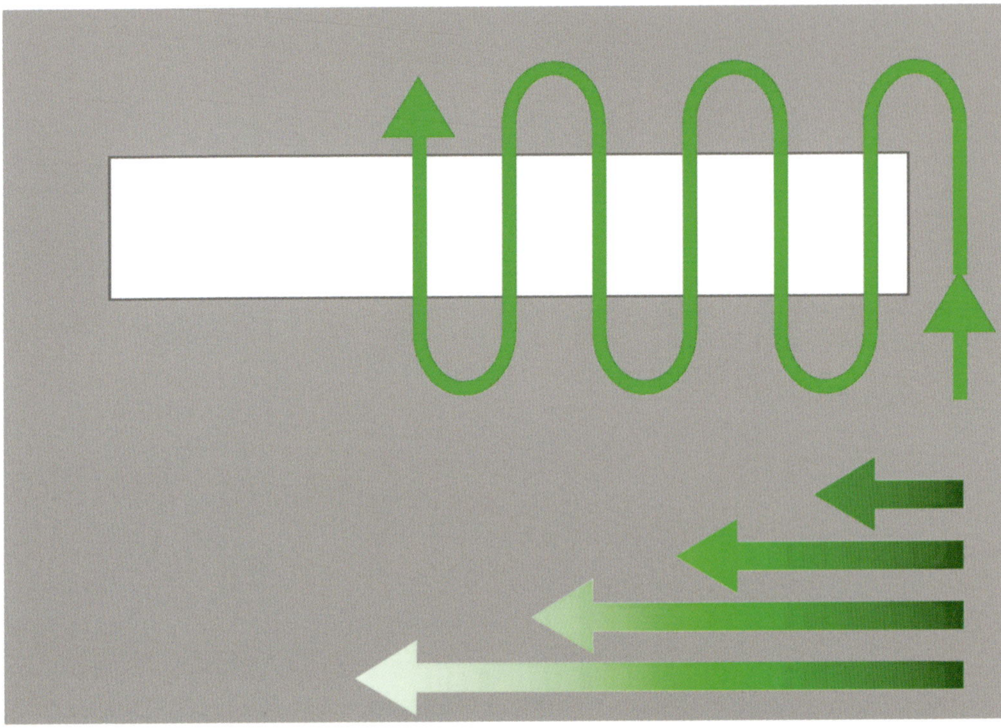

2.1-02a Für diejenigen, die noch wenig Praxis im Umgang mit dem Airbrush haben, zeigt die Grafik hier den Bewegungsablauf beim Spritzen solcher Farbverläufe. In der Verlaufsrichtung nach links werden die Wege bei jedem neuen, immer wieder von rechts begonnenen Spritzdurchgang links hin kürzer. Am rechten Rand entsteht schließlich ein Vollton.

2.1-03 Eine Metallschablone ist beim Anfertigen einer solchen Farbkarte sehr hilfreich. Ohne Maskierung geht das Anlegen der scharf begrenzten Farbfelder natürlich nicht, und eine Metallschablone wie die gezeigte bietet zwei Vorteile: Zum einen lässt sie sich sehr leicht säubern, zum anderen wird sie durch ihr Eigengewicht an Ort und Stelle gehalten. Um nicht gleich eine komplette und damit große Farbkarte anlegen zu müssen, lässt sich diese auch schrittweise spritzen, indem jeweils nur die Farbkartenteile entstehen, die innerhalb der aktuellen Aufgabenstellung interessant sind. Wer vorab alle Farbfelder auf dem für die Farbkarte ausgewählten Spritzgrund fein anzeichnet und schon mit den Farbnummern versieht, kommt so nebenher zu einer guten Farbkarte.

2.1-04 Zum Vorbereiten von spritzbaren Farben sind saubere und gut zu säubernde Werkzeuge nebst verschließbaren Behältnissen wichtig. Abhängig von der Farbsorte eignen sich kleinere (Marmeladen-)Gläser, Pipettenflaschen oder Leerflaschen aus Farbsortimenten am besten zum Anmischen und Aufbewahren. Kleine, möglichst schwere Kügelchen aus unterschiedlichen Materialien, zum Beispiel Stahl oder Keramik, erweisen sich in diesen Behältnissen hilfreich beim Mischen und Aufschütteln – in den Leerflaschen aus Sortimenten sind sie teilweise schon vorhanden.

Sowohl das Verdünnen als auch das Mischen von Farben darf selbst bei flüssigen Farben nicht im Airbrush erfolgen. Noch nicht ausreichend verdünnte oder unvermischte Farbe würde bei einem Fließsystem-Airbrush nach vorn bis in die Farbdüse laufen und sich dort nicht weiter vermischen lassen. Verdünnt wird also außerhalb des Airbrushs in einem separaten Gefäß. Dabei werden einige Tropfen / Pipetten passende Verdünnung vorgelegt und die Farbe danach hinzugefügt.

Da ein brauchbares Mischbehältnis ein gewisses Aufnahmevolumen benötigt, eignen sich auch von den Airbrush-Farbbehältern, die von unten angesetzt werden (Saugsystem), nur die größeren zum Verdünnen und Mischen. Spritzapparate mit solchen Farbbehältern brauchen aber auch eine größere Farbmenge, um überhaupt ein Spritzbild zu erzeugen. Sie sind daher nur für ausgedehnte Arbeiten sinnvoll. Somit wird das Verdünnen und Mischen in Saugsystem-Farbbehältern für viele eher die Ausnahme darstellen.

Verschließbare Mischbehältnisse bieten den Vorteil, dass sich auch spritzfertig verdünnte und angemischte Farben über einen gewissen Zeitraum aufheben lassen. Der Zeitraum, über den diese Farben problemlos „aufschüttelbar“ bleiben, variiert von Farbsorte zu Farbsorte, sodass hier eigene Erfahrungswerte zeigen werden, was möglich und sinnvoll ist.

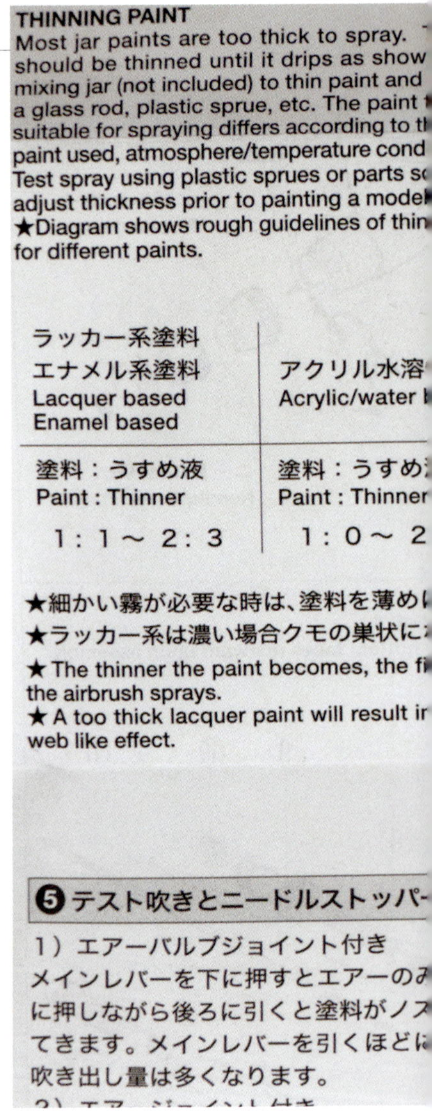
THINNING PAINT
Most jar paints are too thick to spray.
should be thinned until it drips as show
mixing jar (not included) to thin paint and
a glass rod, plastic sprue, etc. The paint
suitable for spraying differs according to t
paint used, atmosphere/temperature cond
Test spray using plastic sprues or parts s
adjust thickness prior to painting a mode
★Diagram shows rough guidelines of thin
for different paints.

ラッカー系塗料 エナメル系塗料 Lacquer based Enamel based	アクリル水溶 Acrylic/water
塗料：うすめ液 Paint : Thinner 1：1～2：3	塗料：うすめ Paint : Thinner 1：0～2

★細かい霧が必要な時は、塗料を薄め
★ラッカー系は濃い場合クモの巣状に
★ The thinner the paint becomes, the f
the airbrush sprays.
★ A too thick lacquer paint will result i
web like effect.

❺テスト吹きとニードルストッパ
1）エアーバルブジョイント付き
メインレバーを下に押すとエアーの
に押しながら後ろに引くと塗料がノ
てきます。メインレバーを引くほど
吹き出し量は多くなります。

2.1-04a Wasser und Spritzverdünner pur haben die besten Spritzeigenschaften. Je ähnlicher eine spritzbare Farbe von ihrer Konsistenz her ihrem Verdünnungsmittel ist, desto besser wird sie sich mit dem Airbrush aufbringen lassen.

Die abgebildete Bedienungsanleitung von Tamiya stellt diesen Sachverhalt grafisch dar. Anstelle eines Mischstabs ist für eigene Tests eine Pipette oft sinnvoller, da viele gut verdünnte Farben nicht genug Viskosität besitzen, um in ausreichender Menge an einem Mischstab hängen zu bleiben.

Auch beim Umfüllen einer Farbe vom Mischbehältnis in den Airbrush erweist sich der Gebrauch einer Pipette als der bessere Weg. Die Gefahr, dass beim Eingießen der Farbe in den Airbrush etwas vorbei läuft, ist je nach Mischbehältnis recht groß. Farbe, die dann außen am Airbrush entlangrinnt, macht das sofortige Säubern des Airbrushs erforderlich.

2.1-05 Eine Fotokopie dieses Mischbogens hilft beim Anmischen eines bestimmten Farbtons. Die oberste Spritzprobe wird mit der Ausgangsfarbe angelegt. Die Rasterpunkte im Spritzfeld zeigen die Deckkraft der Basisfarbe. Während in der Zeile für die Farbnamen auch die hinzugemischten Farben namentlich festgehalten werden, stehen in den darunterliegenden Spalten die jeweiligen Mengenangaben. In der untersten Zeile lässt sich zum Schluss alles zusammenaddieren. Eine Vorlage finden Sie in der hinteren Umschlagklappe. Für die Kopie im Maßstab 1:1 oder größer sollte ein weißes Blatt mit einem Papiergewicht von mindestens 120 g/qm verwendet werden.

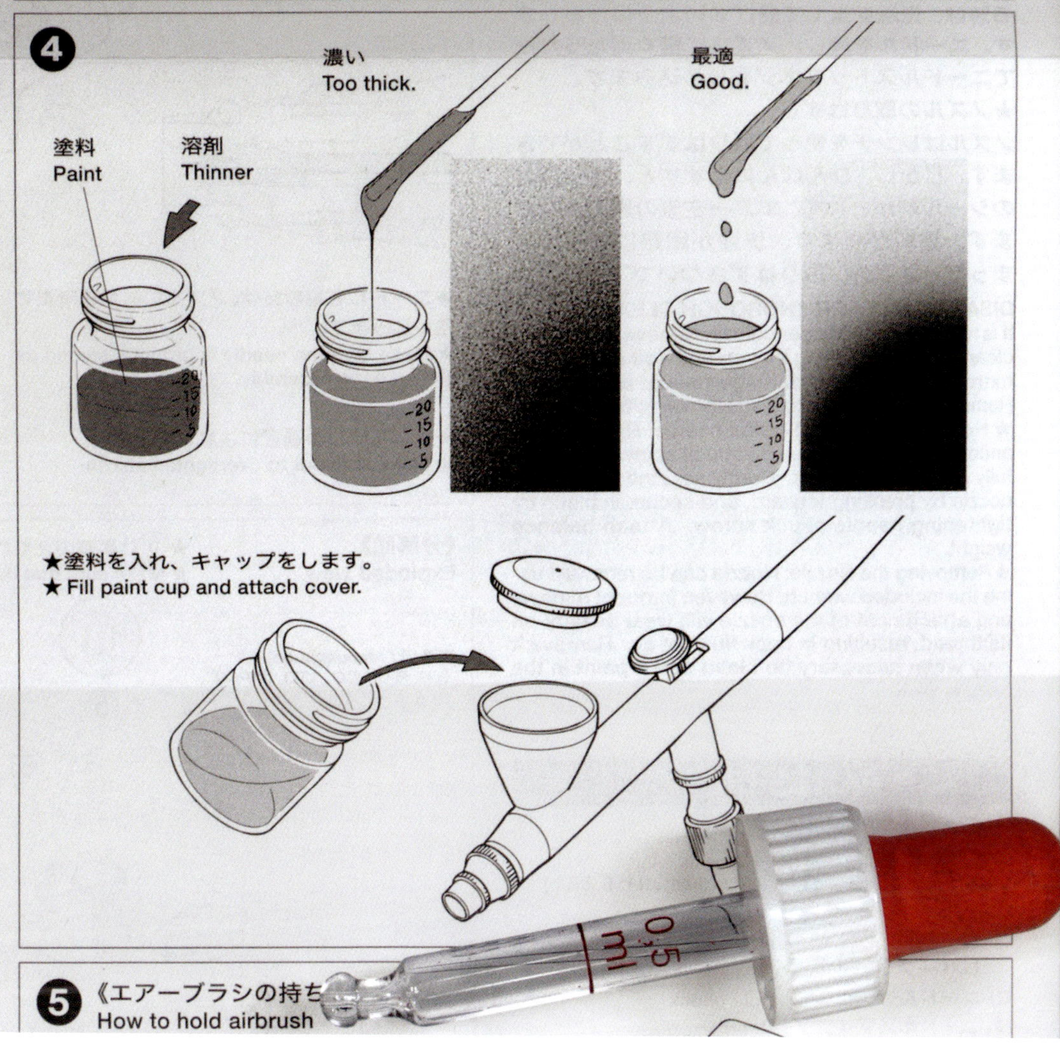

Projekt: ____________________

	Grund-farbe	+ Mischfarben				Spritzproben
Farbname Farbnr.						
Anteile						
+ Anteile						
+ Anteile						
+ Anteile						
+ Anteile						
+ Anteile						
+ Anteile						
= Anteile						

Projekt: FS Fehmarn

	Grundfarbe	+ Mischfarben				Spritzproben
Farbname Farbnr.	Englischrot	Caput Mortuum	Bordeauxrot	Weiß		
Anteile	20	X	X	X	X	
+ Anteile		20				
+ Anteile			20			
+ Anteile				20		
+ Anteile				20		
+ Anteile						
+ Anteile						
= Anteile	20	20	20	40		

© Mischbogen MATHIAS FABER, Erste Hilfe AIRBRUSH

2.1-06 Mit diesem Mischbogen wurde das Anmischen eines Rottons dokumentiert. Gezählt wurden beim Einfüllen und Zugeben die Tropfen, sodass sie hier die Maßeinheit bilden. Bei etwas größeren Farbmengen ist das Abmessen von Millilitern (ml) naheliegend; dies gelingt mithilfe einer stets gut gereinigten Messpipette ebenfalls problemlos.

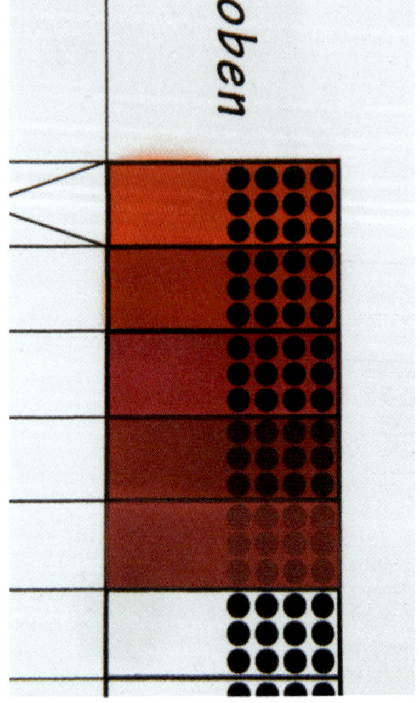

2.1-07 In der Originalgröße betrachtet ist auf diesem Mischbogen gut zu sehen, welche Deckkraft die Farbtöne haben. Über den schwarzen Rasterpunkten zeigt sich zudem sehr anschaulich, wie sich die Deckkraft der Farbe mit dem zugegebenen Weiß verändert. Bis zu einer bestimmten Menge kann einer Farbe Weiß zugegeben werden, um die Deckkraft zu erhöhen, ohne dass sich dadurch gleich der Farbton selbst verändert. Hier ging es aber um die gezielte Veränderung des Farbtons.

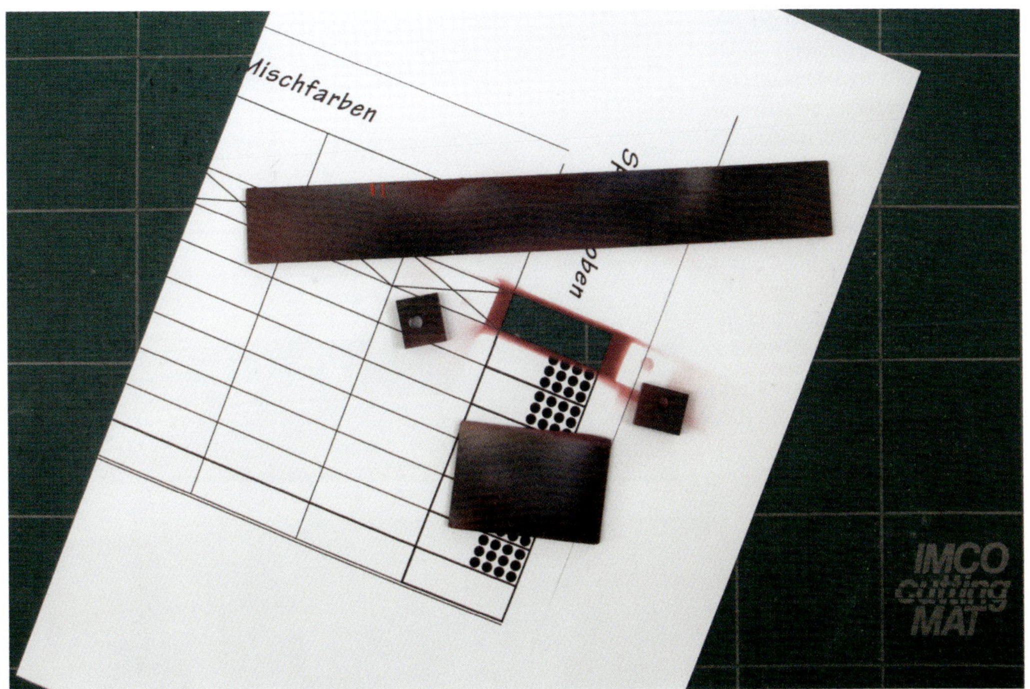

2.1-08 Maske für Spritzproben erstellen: Für das Maskieren der Spritzproben wurde der Mischbogen ein zweites Mal kopiert. Das geschieht am besten wieder auf einem DIN-A4-Blatt mit einer Stärke von mindestens 120 g/qm. Um die Umgebung des neuen Farbauftrags sicher abzudecken, empfiehlt es sich, die Felder für die Spritzproben auf der Kopie zum Maskieren mittig zu positionieren. Das oberste Rechteck wird ausgeschnitten und über das jeweils einzufärbende Farbfeld des Mischbogens gelegt. Damit die Maske durch den Luftstrom des Airbrushs nicht hochwirbeln kann, halten kleine Metallteile unterschiedlicher Form und Größe das Blatt auf dem Bogen.

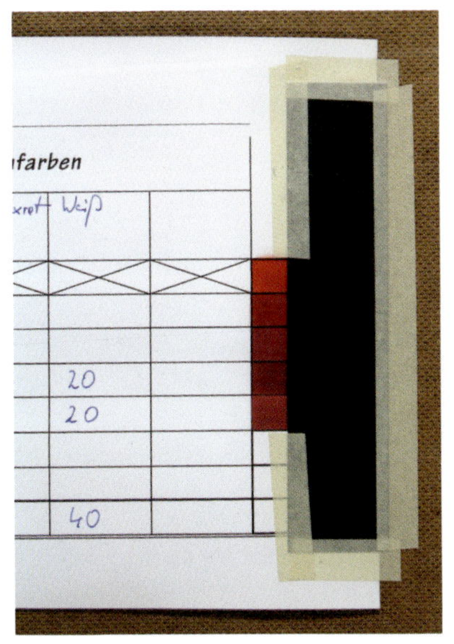

2.1-09 Mit schwarzem Fotokarton teilweise abgedeckte Farbfelder können Aufschluss über die Lichtechtheit von Farben geben. Besteht bei einer Farbe Unsicherheit über die Lichtechtheit aufgrund widersprüchlicher oder fehlender Informationen, kann diese durch einen einfachen Test relativ schnell überprüft werden. Einige Farbtöne eines Sortiments werden in Streifen nebeneinander auf Papier oder andere geeignete Materialien gespritzt oder gemalt. Nach dem Trocknen werden die Farbstreifen auf einer Seite lichtdicht (!) abgedeckt. Das Ganze wird direkt an ein Fenster gestellt (möglichst Südseite) und vier Wochen dem Licht ausgesetzt. Verblasst die Farbe in dieser Zeit im Vergleich mit den abgedeckten Partien deutlich, enthält die Farbe gelöste Farbstoffe oder wenig lichtbeständige Pigmente.

Bei den namhaften, altbewährten Farbherstellern ist von einer Zuverlässigkeit der Herstellerangaben zur Lichtechtheit auszugehen. Nur leider sind die Echtheitsangaben der verschiedenen Anbieter nicht in eine einheitliche Wertskala integriert. Das erschwert direkte Qualitätsvergleiche.

2.1-10 Soll eine Farbe für den Modellbau auf ihre Wirkung und ihre Haftfestigkeit hin untersucht werden, muss natürlich der passende Untergrund gewählt werden. Anstelle von festem Papier liefert hier Plattenmaterial für den Modellbau den aussagekräftigsten Spritzgrund. Von dieser dünnen Polystyrol-Platte wurde ein etwa 24 cm langer, 5 cm breiter Streifen für Vorversuche abgeschnitten, gesäubert und entfettet.

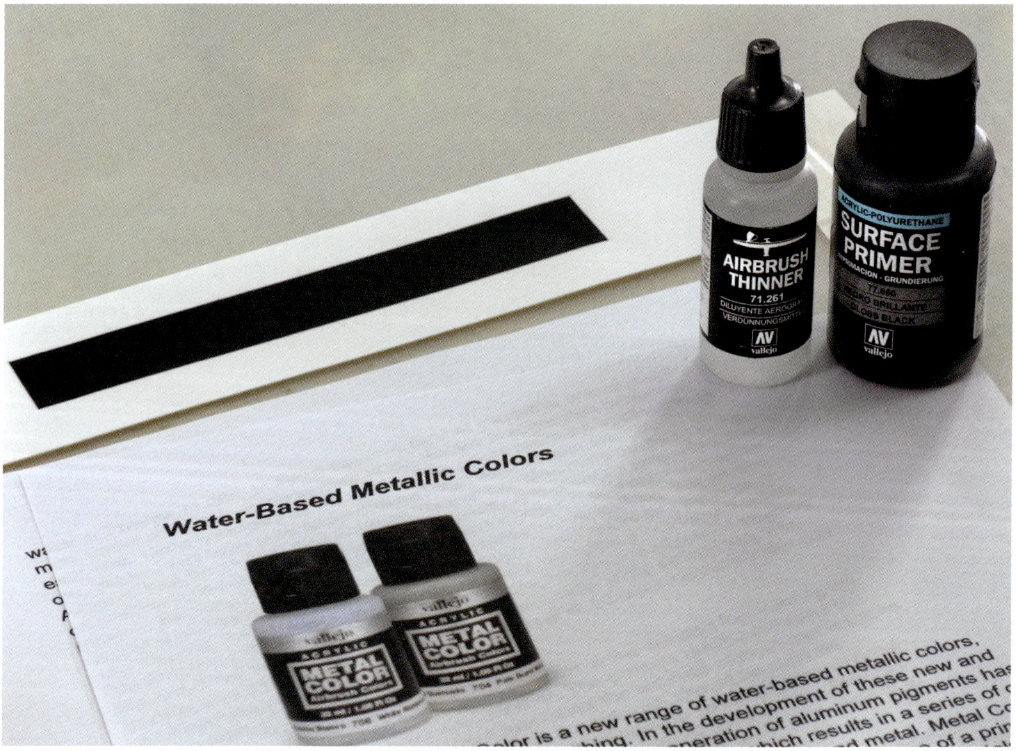

2.1-11 Von der Homepage des Farbherstellers wurden die technischen Hinweise zur Farbe heruntergeladen und ausgedruckt. Für die Restaurierung eines Schnellzugwagenmodells (siehe Bild 2.1-15) werden die richtigen Farben gesucht. Diese sollen dem Originalton entsprechen und wirklich grifffest auftrocknen. Metallic-Töne entwickeln über einer schwarzen Grundierung ihre stärkste Metallwirkung. Auf diesen Umstand weist die Produktinformation nochmals hin, der Hersteller liefert eine entsprechende Grundierung. Mit dieser Grundierung entsteht mittig auf dem Teststreifen ein schwarzer Balken, der nach dem Durchtrocknen mit den einzelnen Metallic-Farben überspritzt wird.

2.1-12 Die Farbmuster werden im rechten Winkel und beidseitig über die schwarze Grundierung hinausreichend angelegt. Aluminium, Dull Aluminium und Gunmetal Grey heißen die Farbtöne dieser Metal Color aus dem Sortiment der Vallejo Acrylic Airbrush Colors auf Wasserbasis. In den Produktinformationen wird darauf hingewiesen, dass erst nach dem Überspritzen dieser Farbaufträge mit dem hauseigenen Metal Varnish eine hohe mechanische Festigkeit zu erwarten ist.

Zum Spritzen des Metal Varnish kommt die Maske für die schwarze Grundierung nochmals zum Einsatz. Mit ihrer Hilfe wurde die auf dem Foto unten liegende Hälfte überspritzt. Die Schwierigkeit, Farbaufträge fotografisch/drucktechnisch originalgetreu wiederzugeben, ist ja eingangs schon angesprochen worden. So sind feine Unterschiede hinsichtlich des Glanzgrades auf dem Foto nicht auszumachen, aber die einzelnen Spritzproben sind nachvollziehbar.

Die Haft- und Grifffestigkeit wurde erst nach dem Farbabgleich auf die Probe gestellt, sodass die Spritzmuster hier noch schier sind. Wie die Abrieb- und Kratztests später zeigten, erhielten die Spritzmuster mit dem Metal Varnish eine deutlich höhere mechanische Festigkeit. Diese ist gerade auch für Funktionsmodelle und für Figuren nebst Objekten von Tabletop-Spielen sehr wichtig.

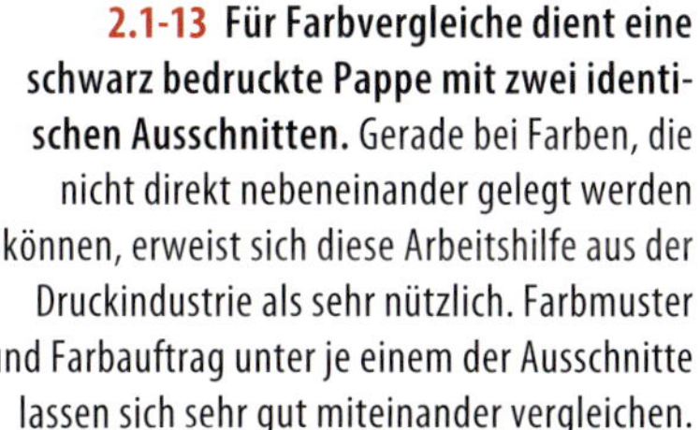

2.1-13 Für Farbvergleiche dient eine schwarz bedruckte Pappe mit zwei identischen Ausschnitten. Gerade bei Farben, die nicht direkt nebeneinander gelegt werden können, erweist sich diese Arbeitshilfe aus der Druckindustrie als sehr nützlich. Farbmuster und Farbauftrag unter je einem der Ausschnitte lassen sich sehr gut miteinander vergleichen.

2.1-14 Unter einem Ausschnitt liegt der Eisenbahnwagen, unter dem anderen das vorbereitete Farbmuster. Die Funktionsweise dieser Pappe zum Farbabgleich wird so deutlich. Der Farbton Aluminium kommt der vom Hersteller des D-Zugwagens verwendeten Farbe sehr nahe. Der Farbton Gunmetal Grey scheint für den Ersatz der ursprünglich im Dachbereich vorhandenen Schattierung gut geeignet.

2.1-15 Das Eisenbahnmodell, hier ein beliebiges Beispiel für ein dreidimensionales Objekt mit Effektfarben, liegt zum Auseinandernehmen in einer sogenannten Lokliege. In einer solchen Lokliege ist das Modell gut gegen versehentliche Beschädigungen gesichert. Die Idee, eine solche Ablage mit Papier auszukleiden und somit auch als Halt für Airbrush-Arbeiten zu nutzen, kann sich jedoch als Fehlerquelle entpuppen. Von den Seiten der Lokliege zurückgedrückter Farbnebel kann den Farbauftrag verderben.

2.1-16 Dieses Bild, mithilfe eines Lasers und einer Hochgeschwindigkeitskamera entstanden, zeigt einen Sprühstrahl. Um den Luftstrom möglichst gut sichtbar zu machen, ist ein Druck von über 2 bar gewählt worden – ein Arbeitsdruck, der für normale Airbrush-Arbeiten also definitiv zu hoch liegt. Aber selbst wenn mit moderatem Druck sehr sauber gespritzt wird, trägt der Luftstrom natürlich etwas Farbe in die nähere Umgebung des gewünschten Farbauftrags. Ohne Maskierung entsteht kein randscharfer Farbauftrag.

2.1-17 Durch hochstehende Kanten wird der seitlich abfließende Luftstrom reflektiert. Der Luftstrom wirft überschüssige Farbe, möglicherweise sogar mit Staub aus der Umgebung, zurück auf den Spritzgrund. Kleine, runde Magnete, die hier zum Halten einer Maske auf dem Mischbogen verwendet wurden, haben entsprechende Spuren auf der Maske hinterlassen. Derart zurückgeworfene Farbe kann einen Farbauftrag in seiner Tonalität und seiner Deckkraft verändern, zudem die Farboberfläche stark mattieren und damit vielleicht sogar ruinieren. Wie stark solche „Begleiterscheinungen" ausfallen, hängt natürlich auch davon ab, wie hoch der Spritzdruck ist.

2.1-18 Wann reicht der Luftdruck zum Spritzen einer bestimmten Farbe aus? Ein Indiz dafür, dass der Druck zum Versprühen einer Farbe zu gering ist, ist ein körniges Spritzbild (= Sprenkelbild; siehe auch Seite 35). Vorausgesetzt wird, dass der Airbrush in Ordnung und mit einer Standardluftkappe, also nicht mit einer Sprenklerkappe, versehen ist. Bei der Farbe kann die Ursache für ein grobes Spritzbild in einer unzureichenden Verdünnung liegen oder in der fehlenden Eignung der Farbe für die Verarbeitung im Airbrush (siehe dazu auch: Funktionsstörungen durch Farbe/Hintergrundwissen Farben). Zum Vertrautmachen mit einer bestimmten Farbsorte gehört deshalb immer, die als optimal empfundene Balance zwischen Verdünnung und Spritzdruck herauszubekommen. Zu den Qualitätsmerkmalen für eine gut spritzbare Farbe zählt ein möglichst niedriger Luftdruck, mit dem sich schon ein feines Spritzbild realisieren lässt.

2.1-19 bis 2.1-21 Bei allen Effektfarben sind vorbereitende Spritzproben besonders wichtig. Dabei geht es um die Spritzbarkeit generell, eine ausgewogene Verdünnung, den richtigen Arbeitsdruck, die passende Düsengröße und schließlich die zu erzielenden Farbeindrücke.

Airbrush-, Acryl-, Metallic- und Perl-Metallic- oder Iriodinfarben wurden hier in ganz unterschiedlichen Reihenfolgen schnell einmal für eigene Tests übereinander gespritzt. Die kleine Testplatte (25,4 x 36,4 cm) erhielt vorher eine Basislackierung. Obwohl alle Bilder die gleiche Testplatte zeigen, ist der Farbeindruck durch die Effektmedien und den veränderten Lichteinfall auffällig anders. Auch Klarlack in unterschiedlichen Schichtstärken spielt für die Farbwirkung eine Rolle. Welch faszinierende Vielfalt an Farbeindrücken im Zusammenspiel mit Effektmedien entstehen kann, wird spätestens mit dem dritten Foto der Testplatte deutlich.

2.2-01 Welcher Verdünner, welcher Reiniger ist der richtige? Diese Frage stellt sich zum einen, wenn eine Farbe, mit der der Anwender noch nicht gearbeitet hat, auf die gewünschte Spritzkonsistenz gebracht werden soll. Zum anderen stellt sie sich selbstverständlich auch, wenn der Airbrush anschließend zu reinigen ist.

Bei Airbrush-Farben kann schlicht und einfach Wasser oder ein in den Sortimenten für Airbrush-Farben angebotener Spritzverdünner (Thinner) und Reiniger (Cleaner) sowie Alkohol (Isopropanol) sinnvoll sein. Ob es bei diesen Airbrush-Farben um

Künstlerfarben oder Modellbaufarben geht, spielt keine Rolle, da eine schärfere Abgrenzung in einigen Fällen sowieso nicht möglich ist. Wasser, spezielle Hilfsmittel aus den Sortimenten und Alkohol helfen auch bei den Acryl- und Aquarellfarben.

Gänzlich anders geartet sind Verdünnung, Malmittel und Reiniger bei den Öl- und Alkydfarben. Ölfarben werden viele erst einmal mit Terpentinersatz bzw. mehr oder minder aggressiven Pinselreinigern in Verbindung bringen. Auch für diese Künstler- und Modellbaufarben gibt es in den dazugehörigen Sortimenten passende Malmittel, Reiniger und Spritzverdünner.

Fehlfarbe Funktionsstörungen durch Farbe

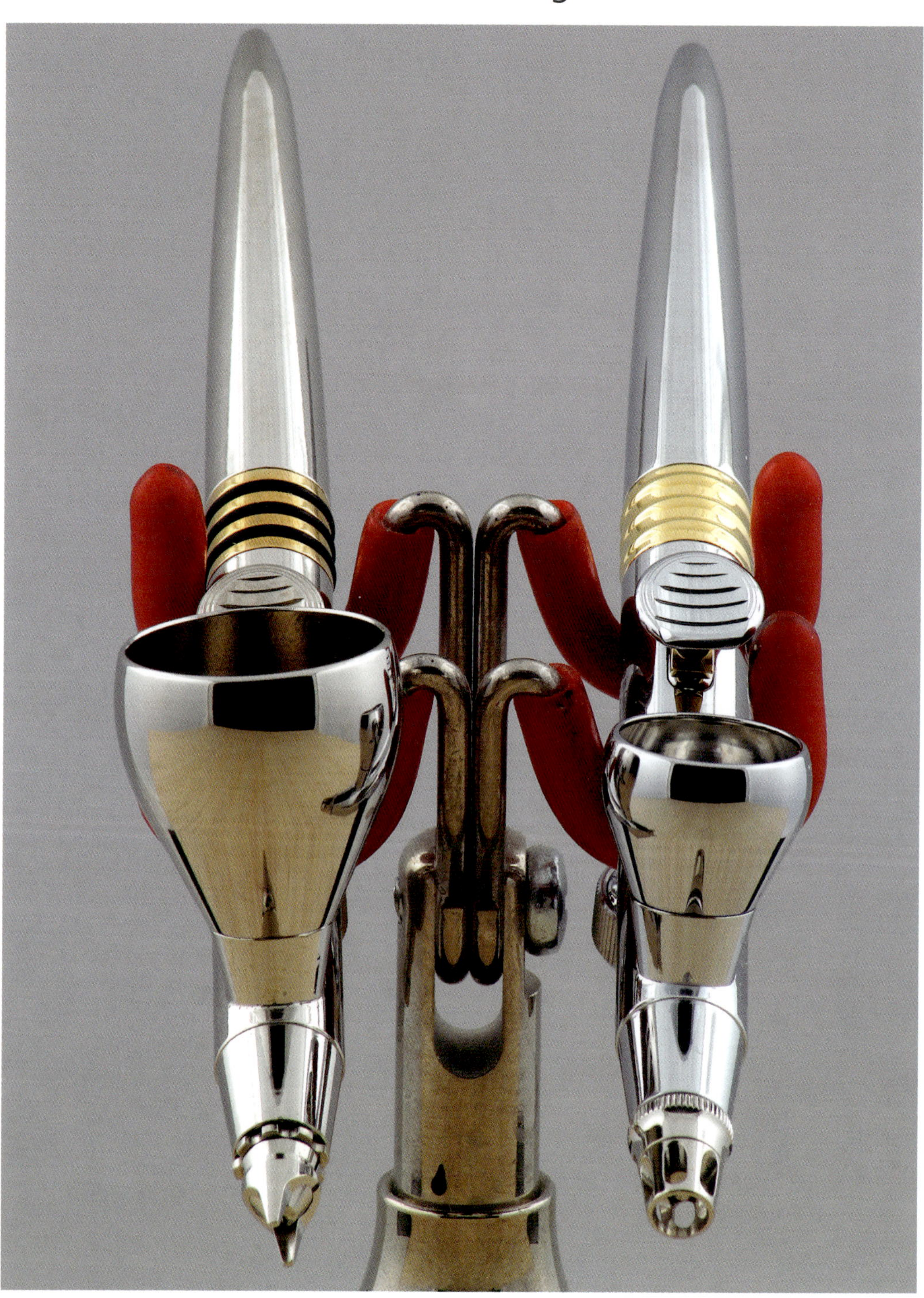

2.2.-02 Viele Anwender haben für die beiden Farbgruppen jeweils einen eigenen Airbrush. Wer einmal aus Versehen oder aus Unkenntnis versucht hat, einen Airbrush mit dem falschen Reinigungsmittel zu säubern, weiß warum. Terpentinersatz auf einer wasserverdünnten Farbe oder ein Reiniger für Acrylfarben auf einer Ölfarbe führen zu einem ungleich größeren Reinigungsaufwand (um es vorsichtig auszudrücken). Aber auch im Gerät verbliebene Farb- oder Lösungsmittelreste können bei einem Wechsel der Farbart zu Problemen führen.

Bei der Auswahl eines Airbrushs, der auch mit aggressiveren Lösungsmitteln befüllt werden soll, ist unbedingt darauf zu achten, dass die Dichtungen nicht von Lösungsmitteln angegriffen werden. Hier ist es der rechts eingehängte Apparat, der den nicht wasserverdünnbaren Farben vorbehalten ist. Durch eine Dreifach-Beschichtung mit Chrom-Veredelung hat er eine sehr hohe Widerstandsfähigkeit, dazu geeignete Dichtungen und eine sehr widerstandsfähige Nadeldichtung (Dreifach-PTFE-Dichtung). Darüber hinaus sollten sich die Geräte optisch deutlich voneinander unterscheiden, um ein versehentliches Verwechseln auszuschließen.

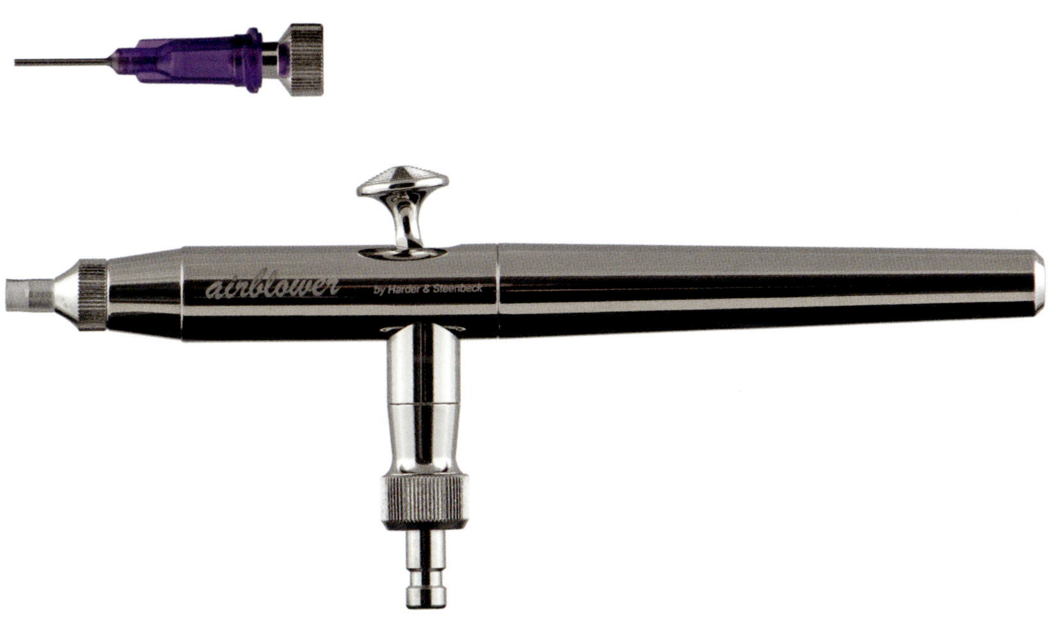

2.2-03 Wenn die falsche Verdünnung oder der falsche Reiniger im Airbrush gelandet ist, kann im ersten Schritt ein „Airblower" helfen. Mit seiner Hilfe lassen sich die flüssigen Bestandteile „ausblasen" und die verbliebenen Farbreste können danach mit dem richtigen, also passenden Reinigungsmittel entfernt werden. Diese Aufgabe des Ausblasens vermag, wenn auch bei weitem nicht so effektiv, im Notfall ein zweiter Airbrush übernehmen. Die vielfältigen Vorteile eines Airblowers ergeben sich durch mehrere auswechselbare Spitzen (auch mit flexibler Kanüle), sodass nicht nur Modellbauer und -bahner dieses Gerät zu schätzen wissen.

2.2-04 Feiner als fein: Rufen wir uns in Erinnerung, dass wir beim Airbrush von Düsenöffnungen zwischen 0,1 und 0,8 mm (!) sprechen. Wie fein dann der Ringspalt zwischen Nadel- und Düsenwand beim Spritzen ausfällt, zeigt sich unter dem digitalen Mikroskop (zur schnellen Orientierung: eine Seitenansicht dieses Luftkopfs ist unter anderem auf dem Foto 1.3-05, Seite 27 zu sehen). Es überrascht also eigentlich eher, wie ausgiebig ein Airbrush störungsfrei funktionieren kann, als dass er verstopft. Die „Anziehungskraft" von Pigmenten oder Farbablagerungen auf nachfolgende Farbe war schon im Kapitel „Fehlerquellen und Reparatur" sichtbar. Dafür kann durchaus auch die Gestalt der Pigmente ausschlaggebend sein (siehe die Fotos 2.3.1-07, Seite 136).

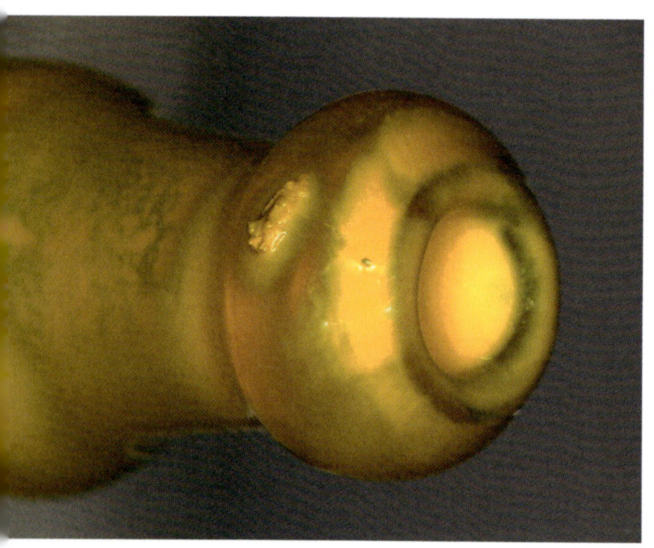

2.2-05 Oft genug sind es aber Verschmutzungen oder angetrocknete Farbreste, wie hier an der Pipettenspitze, die für Verdruss sorgen. „Wo kommt denn das schon wieder her?" ist sicher eine häufig gestellte Frage, und auf diese soll hier eine Reihe von Antworten gegeben werden. Bei den Farbsorten, die mit dem Airbrush vorrangig verarbeitet werden, lösen sich einmal festgewordene Farbteile in der flüssigen Ursprungsfarbe nicht wieder (vollständig) auf. Das bedeutet, dass sie gegebenenfalls als feste „Placken" in die zu versprühende Farbe gelangen und die Farbdüse verstopfen.

Bei Farben, die in Pipettenflaschen erworben wurden und schon länger beim Anwender stehen, kann sich Farbe innen in der Spitze der Glaspipette absetzen und verfestigen. Diese „verdichtete" Farbe wird sich nicht wieder spritzfähig aufschütteln lassen und die Farbe sollte komplett entsorgt werden.

2.2-06 In der Verschlusskappe dieser Pipette ist eine Menge angetrockneter Farbe zu finden. Beim Verschließen der dazugehörigen Glasflasche können kleine Teilchen von der Kappe ebenso in die Farbe geraten sein wie beim Befüllen des Airbrushs oder eines Mischbehälters mit dieser Pipette. Die Notwendigkeit, nicht nur den Airbrush, sondern auch alle dazugehörigen Farbbehältnisse und Werkzeuge stets gut zu reinigen, zeigt sich hier eindrucksvoll.

2.2-07 Die „Klassiker" sind die Farbreste vom Rand der Farbdosen. Wenn die Dose nach dem Aufschütteln und der Farbentnahme offen stehen bleibt, beginnt die am Rand anhaftende Farbe zu trocknen. Die so entstehenden Farbplacken lassen sich von einem bestimmten Zeitpunkt an nicht mehr vom Dosenrand entfernen, ohne dass Farbkrümel in die Farbe fallen und diese verderben. Verderben kann eine Farbe auch durch zu langes Stehen. Die festen Bestandteile der Farbe wie Pigmente und Füllstoffe setzen sich irgendwann ab und verbinden sich schließlich so stark, dass sich die Farbe nicht mehr vollständig aufschütteln und in einen spritzfähigen Zustand bringen lässt. Auch hier hilft nur die Entsorgung der verdorbenen Farbe.

2.2-08 Bei Dosierkappen wird sich die Farbe außen verfestigen, wenn sie nicht nach der Farbentnahme sofort abgewischt wird. Eine solche Farbschicht baut sich fast unmerklich mit jeder Farbentnahme weiter auf. Bei dieser Verschlussart können die Farbkrümel zwar nicht in den Farbbehälter gelangen, jedoch werden abgeplatzte Teile von der entnommenen Farbe mitgeführt und landen auf diesem Weg im Airbrush.

2.2-09 Eine saubere Dosierkappe zeigt, was sich unter der Farbschicht verbirgt. Die schwarze Spitze lässt sich nach dem Verschließen leicht sauber halten, denn sie braucht nur mit einem festen Tuch oder Ähnlichem schnell abgewischt werden.

Diese hier sehr plakativ gezeigten Vorgänge werden den meisten Anwendern bewusst sein. Mit Blick auf den eben gezeigten Spalt zwischen der Nadel und der Düsenwand sei deshalb betont, dass das Geschehen schon in wesentlich kleinerem Maßstab ausreicht, um Schwierigkeiten zu bereiten.

2.2-10 Der stark vergrößerte Blick auf einen Pinsel untermauert den Ratschlag, den Airbrush nicht mit einem Pinsel zu befüllen. Die festen Teilchen zwischen den Pinselhaaren sind ausgesprochen fein, und doch kann auch von Ihnen – wie von abgebrochenen Pinselhaaren oder verfangenen Staubfasern – eine Störung ausgehen. Anstelle eines Pinsels sollte deshalb eine wirklich saubere Pipette zum Einsatz kommen.

2.2-11 Der Blick auf die Pinselspitze als Ganzes zeigt, in welchem Bereich eben näher geschaut wurde. Obwohl auch hier vergrößert, sieht der Pinsel doch fast sauber aus und kann durch diesen trügerischen Eindruck zum Unvorsichtigsein verleiten.

2.2-12 Auch feinste Fasern, die beim Reinigen des Airbrushs mit einem Wattestäbchen im Gerät zurückbleiben können, führen zu einem „Andocken" von Farbe. Aus diesem Grund sind Wattestäbchen kein geeignetes Reinigungswerkzeug; gut auswaschbare Reinigungsbürsten sind hier die erste Wahl (siehe das Foto 19 und das Foto 1.3-13 auf Seite 31). Kleine Verunreinigungen in der Farbe lassen sich trotz aller Vorsichtsmaßnahmen wohl nie ganz ausschließen. Sorgfältiges Arbeiten minimiert aber die Störungen im Arbeitsablauf und hilft, andere Fehlerquellen schnell aufzuspüren oder gar festzustellen, dass eine Farbe von Haus aus nicht spritzbar ist.

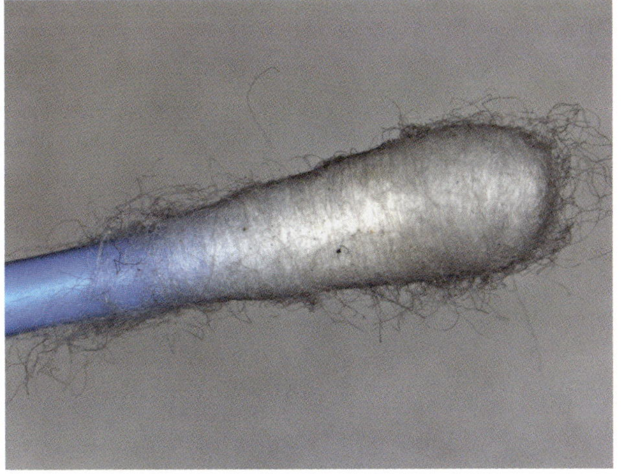

2.2-13 Vom Anwender selbst gemischte und verdünnte Farben lassen sich meist nur über einen begrenzten Zeitraum aufheben. Durch das Mischen mit einem Verdünner, einer anderen Farbe oder beiden gerät die Originalrezeptur der Basisfarbe mehr oder minder stark aus der Balance. Sie wird dadurch eher zum Absetzen neigen. Airbrush-Farben lassen sich in der Regel gut wieder aufschütteln. Aber das gilt in erster Linie für die Originalfarben. Wie gut sich eine abgesetzte Farbe wirklich wieder aufschütteln lässt, erschließt sich dem bloßen Auge nicht immer. Hier kommt das Hintergrundwissen um die Farbe und ihre Zusammensetzung ins Spiel. Spätestens, wenn sich kein brauchbares Spritzbild mit einer Farbmischung mehr erzielen lässt , die vorab makellose Farbaufträge ermöglichte, kann diese Farbe überlagert und somit unbrauchbar sein (auch nicht verarbeitete Originalfarben haben natürlich nur eine begrenzte Haltbarkeit, gerade wenn es um das Verarbeiten im Airbrush geht). Da diese im Gegensatz zu Lebensmitteln kein Verfallsdatum tragen, empfiehlt sich zumindest das Datum des Erwerbs auf dem Behälter zu vermerken.

2.2-14 Die etwa 260-fache Vergrößerung zeigt eine einwandfreie Airbrush-Farbe im flüssigen Originalzustand. Die Pigmente sind gleichmäßig fein verteilt; die Pigmentteilchen schweben voneinander unabhängig – jedes für sich – im flüssigen Medium aus Wasser, Bindemittel und Additiven. Dafür, dass die Bestandteile dieser Farbe in einer gleichmäßig homogenen wie stabilen Verteilung bleiben, hat die Farbe eine spezielle Rezeptur, die auch die sinnvolle Verarbeitung mit dem Airbrush sicherstellt.

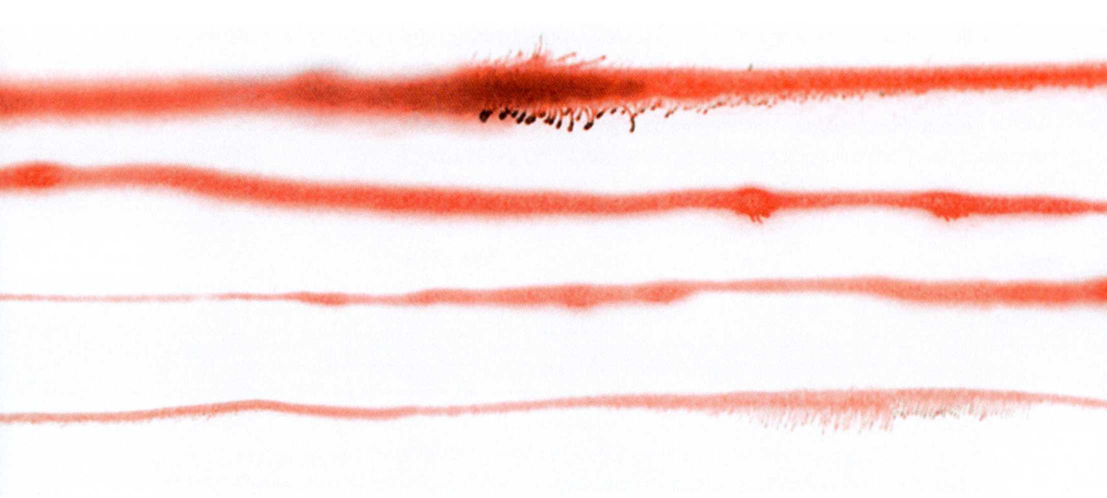

Die große Vielfalt Hintergrundwissen Farben

Grundsätzliches

2.3.0-01 **Farbe mit dem Airbrush auf einen Untergrund zu bringen, ist gerade für den Anfänger nicht immer einfach.** Manchmal erscheint das Unterfangen fast unberechenbar. Welche Farbe lässt sich wie, wo und unter welchen Bedingungen gut spritzen, um gleichmäßig zu färben, sicher zu haften, nicht zu gilben oder zu verblassen, griff- und kratzfest zu sein? Um all dies sicher einschätzen zu können, ist es natürlich unerlässlich, sich mit den spezifischen Zusammensetzungen und Eigenschaften der Farbarten ein wenig vertraut zu machen.

Die Beschaffenheit des Untergrunds, Art und Verdünnung der Farbe, Spritzdruck, Spritzabstand und viele andere Faktoren bestimmen, ob das Spritzergebnis brauchbar ist.

In diesem Buchteil wird eine Beziehung zu den mal- und spritztechnisch interessanten Materialien hergestellt. Der Anwender wird nicht nur durch praktische Erfahrungen zu einem sich ständig weiterentwickelnden Können in seiner Technik kommen, sondern auch durch eine entsprechende Kenntnis des Materials. Er sollte wissen, womit er wie arbeiten kann, um für jedes Projekt einen leicht gangbaren Weg zu finden. Durch richtiges Einschätzen der möglichen Probleme wird die Ausführung sicherer, die Arbeit wird ohne viel „Trial and Error" folgerichtig und rationell durchgeführt.

Historisch gesehen sind es Künstlerfarben, aus denen heraus sich alle hier interessanten Farbsorten entwickelt haben. Diese Abfolge soll deshalb beibehalten werden. Für den Airbrush kommen grundsätzlich alle flüssigen und pastosen Farben infrage, wenn die Kornfeinheit der pigmentierten Farben auf die Spritzdüse abgestimmt ist, die Rezeptur der Farben ein Versprühen zulässt, sie sich leicht verdünnen lassen und bei lösemittelhaltigen Materialien die gesundheitsgefährdenden Stoffe wie auch die Brandgefahr gemäß Herstellerangaben und Warnhinweisen berücksichtigt werden.

Neben den *Pigmenten* (laut Definition ist ein Pigment ein im Anwendungsmedium praktisch unlösliches Farbmittel) ist das *Bindemittel* die wichtigste Komponente einer Farbe. Es bindet (klebt) die Farbmittel (die farbgebende Komponente) im Film zusammen, verbindet die Farbe mit dem Untergrund und gibt jeder Farbe die für sie typischen Eigenschaften hinsichtlich *Haftung, Widerstandsfähigkeit* oder *Glanz*. Mit Hilfe geringer Mengen von Zusatzstoffen (*Additiven*) werden weitere Faktoren – hauptsächlich anwendungstechnischer Art – reguliert: zum Beispiel Benetzung, Verlauf der Farbe auf dem Untergrund, Trockengeschwindigkeit oder Viskosität.

Benetzung heißt, dass sich die Farbe mit dem Malgrund beim Aufbringen unmittelbar und gleichmäßig verbindet. Füllstoffe, auch *Extender* genannt, beeinflussen als Bestandteile der Farben die Verlaufseigenschaften, Konsistenz und Deckkraft ganz entscheidend. Füllstoffe sind mineralische Stoffe in Pulverform.

Das *Lösemittel* übernimmt in einer Farbe die Löse- und Transportfunktion. Es dient zum Auflösen des Bindemittels und gegebenenfalls der Additive und ist zudem Verdünnungsmittel für die Farbe. Im Zusammenspiel mit den übrigen Komponenten wird mit dem Lösemittel der Grad der Viskosität der Farbe reguliert, indem diese durch entsprechendes Verdünnen in die vermal- oder spritzbare Form gebracht wird.
Aggressivere Lösemittel wie Nitroverdünner, Aceton und Ester sind für viele Techniken ungeeignet. Sie lösen verschiedene Bindemittel (Harze) an und beschädigen Farb- oder „Klarlack"-oberflächen durch diesen Vorgang. Airbrush-Farben sind empfindlich gegen aggressive Lösemittel, aber auch gegen Alkohol, sodass nur Harze in Wasser oder Testbenzin gelöst als Versiegelung empfehlenswert sind.

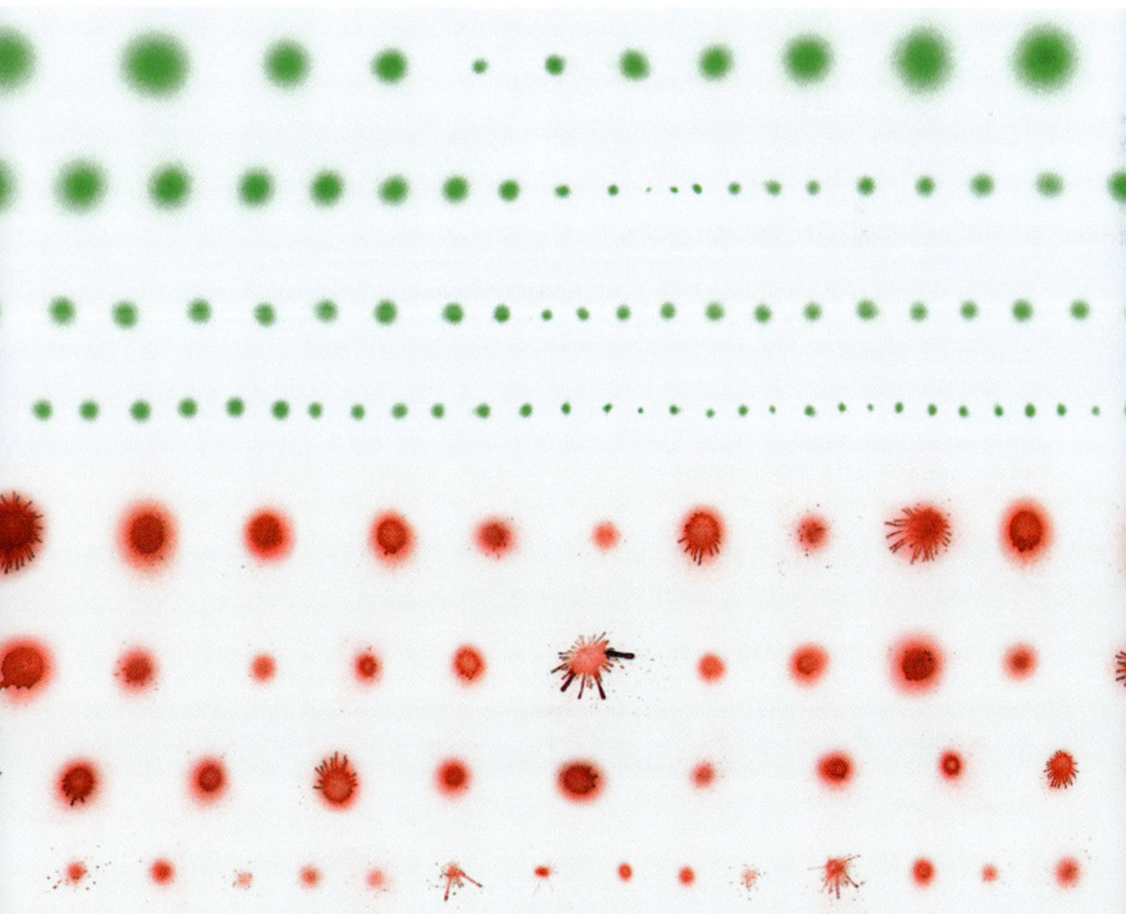

Pigmente

2.3.1-01 Pigmentpulver liegt in kleinen Kristallen vor, dem sogenannten Korn. Der Fachhandel für Künstlerbedarf bietet Pigmente für die eigene Herstellung von Öl-, Acryl- und Aquarellfarbe sowie Gouache und Eitempera an. Die Einarbeitung und feinste Verteilung des Pigments in das Bindemittel erfolgt bei den renommierten Farbherstellern mit großem mechanischem Aufwand (Drei-Walzenstühlen), der dem Anwender kaum möglich sein wird.

Auch im Modellbaufachhandel ist ein breites Angebot an Pigmenten, in diesem Fall zum direkten Auftragen auf das Modell oder zum Einrühren in Modellbaumedien, zu finden. Sie wären, entsprechendes Fachwissen und Materialien vorausgesetzt, geeignet, ebenfalls als Grundlage für Farben zu dienen. Aber: *Im Atelier selbst angesetzte Farben sind nicht spritzbar*. Die Pigmente können in die drei Gruppen aufgegliedert werden:

- Weißpigmente, die das Licht vollständig reflektieren,
- Schwarzpigmente, die es vollständig absorbieren und
- Buntpigmente, die das Licht teilweise reflektieren oder absorbieren.

Schwarz- und Weißpigmente können aber beispielsweise blau- oder gelbstichig sein, was auf die paar Quäntchen Licht eines Teils des Spektrums zurückzuführen ist, die nicht absorbiert oder reflektiert werden. Die Weißpigmente dienen auch der Aufhellung von Buntpigmenten. Mit Füllstoffen, die eine viel schwächere Lichtbrechung aufweisen als die Weißpigmente, ist nur eine geringfügige Aufhellung möglich. Füllstoffe, die in der Regel zusammen mit organischen Pigmenten, mit anorganischen Pigmenten seltener, verarbeitet werden, sind keine Farbmittel. Ein deckender Füllstoff ist (außer Kreide) ebenso unmöglich wie ein lasierendes Weißpigment. Weiße (lösliche) Farbstoffe gibt es nicht.

2.3.1-02 Wenn mit einem Sortiment ein Weiß angeboten wird, ist dieses immer auf Pigmentbasis hergestellt. Das hohe Maß an Lichtbrechung, -streuung und -reflexion ist nur einigen wenigen anorganischen Stoffen in dieser ausgeprägten Form eigen. Auf diese Eigenschaften ist auch das starke Deckvermögen der Weißpigmente, allen voran das Titanweiß, zurückzuführen. Innerhalb der Zink-, Blei-, Titanweißpigmente, der Lithophone und dem Zinksulfid hat Titanweiß nicht nur das höchste Deckvermögen und den höchsten Weißgrad, sondern wird auch am häufigsten eingesetzt.

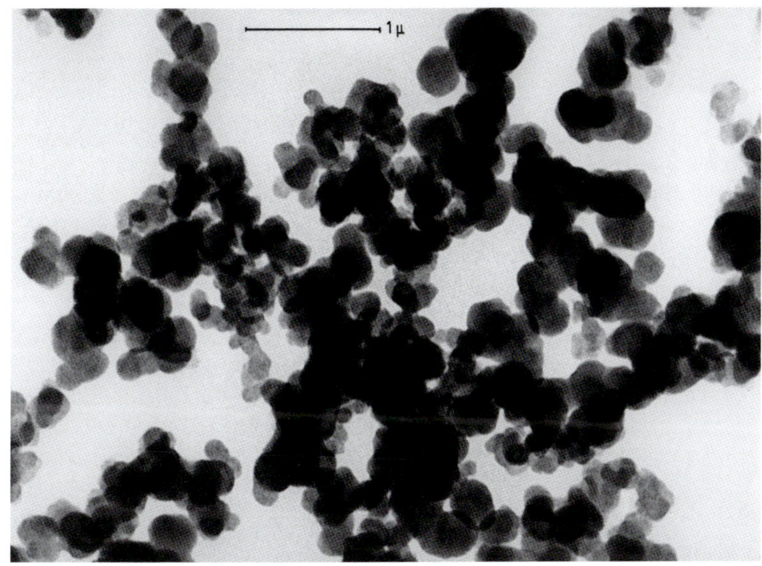

2.3.1-03 Zu den Schwarzpigmenten zählen alle Ruße. Dazu kommen sämtliche Verkohlungsprodukte wie Beinschwarz, Rebenschwarz und früher Elfenbeinschwarz, und ebenfalls die Eisenoxidschwarz-Pigmente. Diese Farbmittel haben ebenfalls ein hohes Deckvermögen, da sie das Licht absorbieren. Es kann nichts mehr bis zum hellen Untergrund durchdringen und von dort zurückgeworfen werden. Allgemein gilt, dass grobkörnige Ruße in der Durchsicht oder mit Weiß zusammen eher ins Blaue gehen, feinteilige dagegen eher ins Braune. Umgekehrt verhält es sich mit den Farbrußen bei deckender Schicht im Vollton: die Grobkörnigen wirken bräunlich, während die Feinteiligen „kalt" erscheinen.

In die Gruppe der Buntpigmente gehören die farbigen, organischen und anorganischen Pigmente. Das Wort „Farbpigment" ist eine Sinnverdoppelung und sollte für diese Stoffe nicht verwendet werden. Hingegen sind Gelbpigment oder Rotpigment gängige Begriffe für die etwas nähere Beschreibung von Buntpigmenten. Bezogen auf die breite Anwendung werden die meisten Buntpigmente für ganz bestimmte Zwecke hergestellt und einige haben so gute allgemeine Eigenschaften, dass sie fast universell eingesetzt werden können. Außer den Erdpigmenten stammen alle Pigmente aus der Produktion der Großchemie. Jedes Pigment wird entsprechend seiner besonderen Stärke benutzt:

- Die anorganischen Pigmente werden dort bevorzugt, wo besondere Anforderungen an das Deckvermögen und gegebenenfalls an die Wetterechtheit gestellt werden, wo aber Farbstärke und Farbbrillanz nicht so wichtig sind.
- Organische Pigmente dominieren in solchen Farben, die transparent sein müssen und bei denen Farbtonreinheit, Brillanz und Farbstärke besonders stark gefordert sind. Dabei gibt es nicht nur ein „entweder – oder", sondern es werden auch deckende organische und lasierende anorganische Pigmente hergestellt. In vielen Fällen bedient man sich der Vorzüge beider Typen durch Kombination.

2.3.1-04 Das Deckvermögen einer Farbe hängt einerseits ab von den Eigenschaften des Pigments und andererseits von der Art und der Menge des Bindemittels in der Farbe. Dass ein Deckweiß eine matte Oberfläche hat, steht in direktem Zusammenhang mit dem Deckvermögen. Bei knappen Bindemittelanteilen ragen aus der getrockneten Farbe die Pigment- und Füllstoffteilchen heraus. Damit verursachen sie bereits hier eine starke Streuung des Lichts. Außerdem sind diese festen Teilchen in der Farbschicht dicht gepackt und hindern das Licht am Durchtreten.

2.3.1-05 Bei einer mehr lasierenden Farbschicht ist jedes Teilchen mit Bindemittel zugedeckt. Diese Farben enthalten mehr Bindemittel. Der Unterschied, ob die Pigmente aus dem Bindemittel herausragen oder von diesem zugedeckt werden, wird deutlich, wenn ein trockener Kieselstein nass gemacht wird. Im trockenen Zustand ist der Kiesel mehr oder weniger grau, hell und stumpf, weil das Licht an seiner rauen Oberfläche stark gestreut wird; ist er nass, wird er dunkel, zeigt mehr Farbe und glänzt. Der Grund: Das Licht wird von seiner Oberfläche gleichmäßig zurückgestrahlt. Dunkel wird er durch die schwächere Streuung (es kann mehr Licht absorbiert werden), während der Glanz von der geschlossenen Oberfläche kommt, die das Wasser verursacht.

Das Deckvermögen eines Pigments an sich hängt von seinen Materialeigenschaften und von seiner Teilchengröße ab. Jedes Pigment hat bei einer ganz bestimmten – für jedes Pigment spezifischen – Teilchengröße sein stärkstes Deckvermögen. Die Korngröße legt fest, ob ein Pigment lasierend oder deckend wirkt. Mit der Korngröße werden allerdings noch drei weitere wichtige Eigenschaften beeinflusst: das Färbevermögen, die Lichtechtheit und hier sehr wichtig – die Spritzbarkeit.

2.3.1-06 Je feiner ein Pigment zermahlen wird, desto größer wird sein Färbevermögen. Dies gilt zumindest bis zu einer bestimmten Grenze. Je kleiner die Kristalle sind, desto größer wird aber auch die Oberfläche, die das Licht angreifen kann. Damit wird die Lichtbeständigkeit also zunehmend geringer. Die Farbstärke ist zudem von der Feinverteilung der Pigmente in der Farbe abhängig.

Das Zusammenspiel der drei Faktoren Deckvermögen, Farbstärke und Lichtechtheit zeigt klar, dass die Korngröße eines Pigments immer nur ein optimaler Kompromiss sein kann, weil es keine Universalpigmente für jeden Einsatz gibt.

2.3.1-07 Die Teilchenform der Pigmente kann würfel-, kugel-, nadelförmig oder ungleichmäßig sein. Dies wirkt sich stark auf das mechanische Verhalten sowohl bei der Herstellung wie auch bei der Verarbeitung einer Farbe aus. Es beginnt mit der Einarbeitung des Pigments in das Bindemittel, wo die feine, gleichmäßige Verteilung der Partikel bei Würfel- und Nadelform durch den starken Zusammenhalt unter den Einzelteilchen mehr Aufwand erfordert als etwa bei kugelförmigen Teilchen. Dann sind von der Teilchenform die Fließeigenschaften einer Farbe abhängig. Es gibt Farben, die mit einem hohen Pigmentanteil noch gut fließen, während andere mit anderen Pigmenttypen eher fest werden. Aufgrund dieser verschiedenen Eigenschaften müssen Farben zum Spritzen unterschiedlich verdünnt werden und verlangen unterschiedliche Düsengrößen am Airbrush.

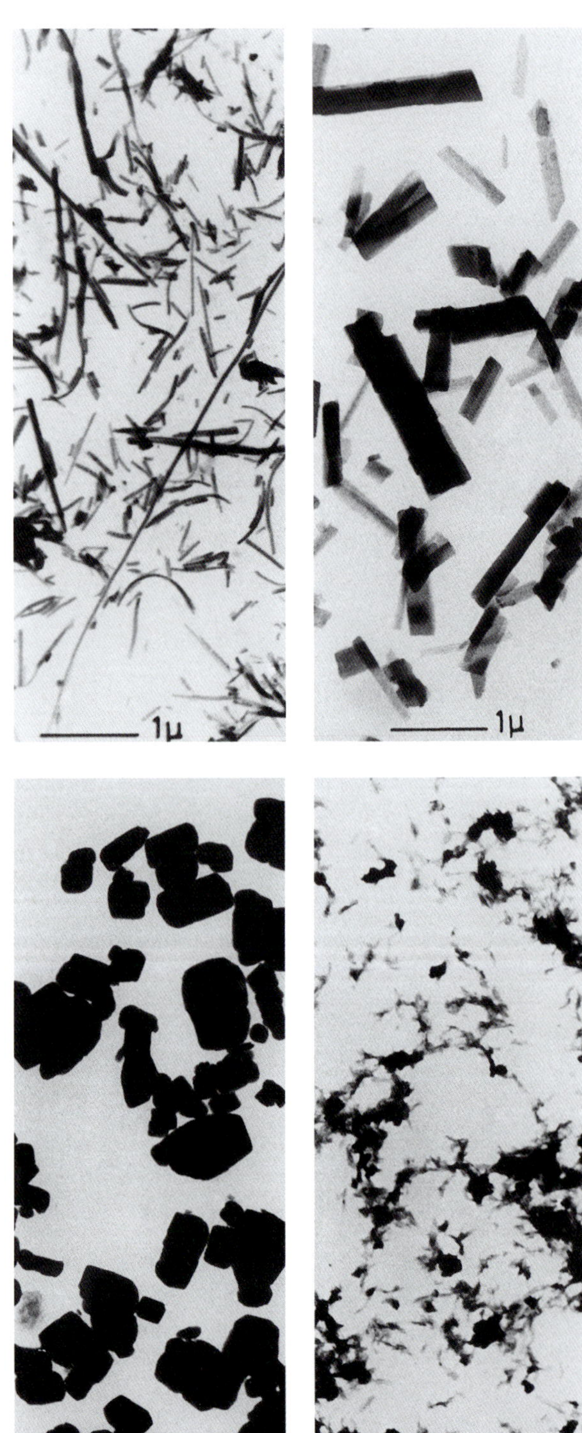

2.3.1-08 Die Teilchenform sorgt dafür, dass die Düse bei sehr ungleichmäßigen, fein verwinkelten Pigmenten schneller verstopft und die Nadel schneller verkrustet. Diese Pigmente bilden mit dem Bindemittel im getrockneten Zustand einen fester gefügten Verbund als Pigmente, die sich nicht „verhaken" können. Zudem führen scharfen Ecken und Kanten von Pigmentteilchen zu einer inneren Reibung in der Farbe, sodass für ein befriedigendes Spritzergebnis oft eine größere Düse eingesetzt werden muss. Diese Farben machen aus den beschriebenen Gründen auch ein häufigeres Reinigen des Airbrushs erforderlich.

Wenn eine Farbe gespritzt werden soll, ist es wichtig, dass sie in dieser Hinsicht gut funktioniert und dass eine Arbeit mit möglichst wenigen Komplikationen durchgezogen werden kann. Die Ansprüche, die nicht nur professionelle Anwender an ein Produkt stellen, sind sehr hoch, und Abstriche in der einen oder anderen Richtung werden damit unvermeidbar. Die Hersteller von Künstler- und Modellbaufarben müssen sich aus dem breiten Spektrum der Möglichkeiten die für ihre Zwecke am besten geeigneten Pigmente heraussuchen und brauchbare Farbrezepturen schaffen.

ATTE TOP COAT
REATEX
TM
RBRUSH
COLORS
arnish A.MIG-090
www.migjimenez.com
AMMO
mig
jimenez
ACRYLIC
COLOR
Brush & Airbrush
17mL
AERO
Prof
Fines
Transp
transp

Airbrush-Farben und Acrylic Ink

2.3.2-01 **Die flüssigen Airbrush-Farben werden als „spritzfertig" angeboten.** Sie sind dank Glaspipetten oder Dosierkappen bequem zu handhaben und erlauben die feinsten Düsenöffnungen am Airbrush. Durch die direkte Entnahmemöglichkeit aus der Flasche scheint es naheliegend, die Farbe unverdünnt zu spritzen. Es ist jedoch sicherer, auch diese Farben zu verdünnen. Durch das Verdünnen ist die sich beim Spritzen aufbauende Farbstärke besser abzuschätzen und zu steuern, die Farbschicht wird einheitlicher, und die Farbe verbindet sich gut mit dem Spritzgrund.

Airbrush-Farbe ist durch ihr spezifisches Deckvermögen, durch ihre Farbstärke und die Art des Bindemittels ein speziell für den Airbrush konzipiertes Produkt. Grundsätzlich wird davon ausgegangen, dass eine Airbrush-Farbe Pigmente und wasserlösliche Acrylatharze oder Acrylharz-Dispersionen als Bindemittel enthält. Diese Acrylharze sind farblos und gilben nicht, sie sind mit Wasser verdünnbar und trocknen wasserfest auf. Die pigmentierten Airbrush-Farben zeichnen sich durch die hohe Lichtechtheit vieler Pigmente aus, hierbei sollte man jedoch stets die Herstellerhinweise beachten. Flüssige Acrylfarben werden umgangssprachlich auch als „Acrylic Ink" bezeichnet. Acrylic Ink ist aber nicht zwangsläufig eine Airbrush-Farbe, heißt: Es ist bei Acrylic Ink nicht automatisch von einer guten Spritzbarkeit auszugehen.

Die regelmäßige Reinigung des Airbrushs funktioniert bei hochwertigen Airbrush-Farben gut. Weiße Farben sind schwerer zu entfernen als die bunten. Das liegt am Titanweißpigment, das mit dem Bindemittel beim Trocknen einen stärker „zementierten" Verbund eingeht als die organischen Buntpigmente. Zudem ist der Pigmentanteil im Weiß in der Regel deutlich höher. Bis auf Weiß und Schwarz enthalten alle Farbtöne in einem Airbrush-Farbsortiment organische Pigmente. Für Schwarz wird Ruß verwendet.

Eine stabile Airbrush-Farbe aus anorganischen Pigmenten zu produzieren, ist nicht möglich, weil diese spezifisch schweren Teilchen nicht in der Schwebe bleiben. Außerdem verklebt die Düse des Airbrushs mit anorganischen Pigmenten, und ein feiner Sprühstrahl, wie man ihn von Farben mit organischen Pigmenten gewohnt ist, ist bei gleichbleibendem Luftdruck und Düsendurchmesser nicht möglich. Titanweiß ist hier ein harmloses Beispiel für das Verhalten anorganischer Pigmente beim Spritzen.

2.3.2-02 Die für einen möglichst universellen Einsatz konzipierten Sortimente der Airbrush-Farben bieten sowohl deckende als auch lasierende Varianten. Es ist nicht möglich, vom optischen Aussehen einer flüssigen Airbrush-Farbe auf die Transparenz im getrockneten Zustand zu schließen (die Farben im oberen Displayfach sind deckend, im mittleren transparent. Im unteren stehen Metallicfarben und Bindemittel). Das Deckvermögen wird durch den Pigmentanteil und die Kornfeinheit der Pigmente oder durch geringe Anteile an Weißpigment bestimmt. Eine hoch pigmentierte Farbe bietet einen etwas größeren Spielraum für den variierenden Einsatz. Der Verdünnungsgrad kann abgestuft werden, ohne dass mit einem sofortigen Abfall des Färbevermögens gerechnet werden muss.

Viele Kriterien bei der Handhabung des Airbrushs werden recht persönlich gehandhabt, wenn man sich durch eigene Erfahrungen mit bestimmten Farbsortimenten eine bestimmte Arbeitsweise angewöhnt hat. Das betrifft besonders den jeweiligen Verdünnungsgrad der Farbe, der auch abhängig von der jeweiligen Aufgabenstellung sein kann. Airbrush-Farben sind aufgrund ihrer Zusammensetzung eine polare Farbe; sie sind „wasser- und alkoholfreundlich". Diese Eigenschaft wird bestimmt durch das in der Farbe als Bindemittel wirkende Acrylharz, das löslich in Wasser und Alkoholen ist (auch in Glykolen, sowie in Estern und Ethern: diese Lösemittel sind alle mehr oder weniger polar).

Soweit nicht herstellerseitig Verdünner (Thinner) mit entsprechenden Inhaltsstoffen vorgesehen sind, sollten die Anwender auf sie verzichten. Farben oder Hilfsmittel, die polare Lösemittel enthalten, können eine Airbrush-Farbschicht anlösen oder anweichen und damit mehr oder weniger stark verändern. Da hier die Beschaffenheit des Untergrunds und geringe chemische Varianten beim Material entscheidend mitwirken, ist die empfohlene Verdünnung mit Wasser dann der beste Weg.

Airbrush-Farben sind oft mit den Attributen „farbstark", „lichtecht", „brillant" und „transparent" ausgestattet, und trotzdem bestehen deutliche Unterschiede zwischen einzelnen Marken. Die nicht immer leichte Beurteilung bei der Auswahl einer Farbe ist nur eingeschränkt durch entsprechende Materialkenntnisse beziehungsweise Erfahrungswerte möglich. Besonders, weil vom Aussehen der Farbe in der Flasche (oder Tube) nicht auf ihre Eigenschaften geschlossen werden kann. Wenn ein Farbsortiment – ohne Bewertung der einzelnen Farbtöne – als lichtecht bezeichnet wird, und gleichzeitig Brillanz und Transparenz besonders hervorgehoben werden, dürfte schon Vorsicht geboten sein: Brillanz, Transparenz, Färbevermögen und Lichtechtheit sind Eigenschaften, die sich gegenseitig bedingen oder ausschließen können.

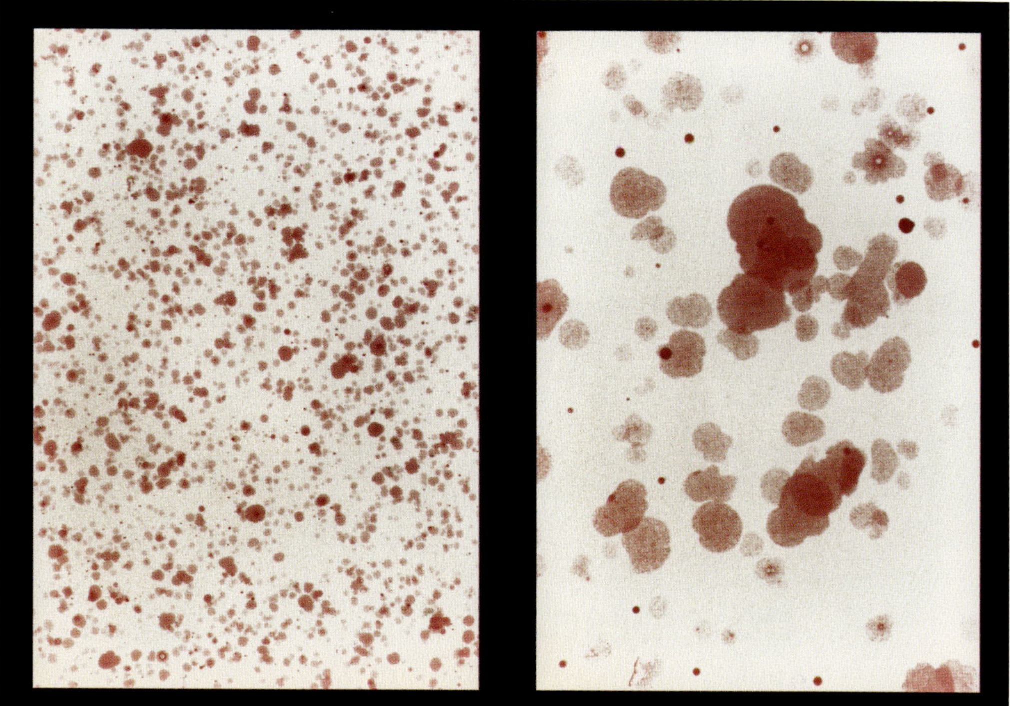

2.3.2-03 Zum Spritzgrund: Hier gelten die aus den herkömmlichen Maltechniken stammenden Anforderungen nur bedingt. Dies betrifft besonders die Saugfähigkeit, die auf die aus dem Sprühnebel stammenden Farbtröpfchen kaum einen Einfluss hat. Die hier nicht maßstabsgetreu abgebildete, 60- bzw. 260-fache Vergrößerung eines Spritzbilds zeigt dies deutlich. Die Spraytröpfchen bleiben auf dem Spritzgrund in mehreren Varianten neben- und übereinanderliegen. Diese Tröpfchen bilden ein klebriges Gemisch aus Bindemittel und Pigment und enthalten, wenn fachgerecht gespritzt wird, kaum noch Wasser. Somit trocknen sie als mikroskopisch kleine, flache Tröpfchen auf dem Spritzgrund und werden nur geringfügig in Poren, wenn vorhanden, eingesaugt.

Eine leicht raue Oberfläche bietet eine bessere Haftung als die völlig glatte Oberfläche einer Folie. Entscheidend ist, dass die Farbe überhaupt auf dem Untergrund haftet und ihn ausreichend benetzt. Dies gilt sowohl beim direkten Spritzen auf den Untergrund als auch beim Spritzen auf eine vorab aufgebrachte Grundierung. Durch eine Grundierung kann auf einem Material eine Haftung erzielt werden, die sonst – durch materialbedingte Unverträglichkeit zwischen Farbe und Untergrund – nicht möglich wäre. Auch spezielle Zusätze aus den Sortimenten der Hersteller können hilfreich sein. Die Grenzen der Anwendungsmöglichkeiten werden am besten durch eigene Versuche ermittelt.

Die Art des Spritzgrundes setzt der Airbrush-Technik keine Grenzen, vorausgesetzt, die für eine gute Haftung verantwortlichen Faktoren und die Beschaffenheit der unter Umständen nötigen Grundierung sind bekannt. Das Bindemittel von Airbrush-Farben ist mit den meisten Harzen aus den Sortimenten der Künstler- und Modellbaufarben in übereinanderliegenden Schichten verträglich. Diese Harze kommen also als Grundierung für Airbrush-Farben infrage, wenn sie auf dem Spritzgrund nach der Trocknung über Jahre oder Jahrzehnte halten.

Acrylfarbe und Acrylmalmittel sind als Grundierung sehr vielseitig. Für Papier und Pappe sind wässrige Airbrush-Mal- oder -Grundiermittel auf Acrylharzbasis (Airbrush-Medium) gut geeignet.

Die fertige Arbeit kann gegen unterschiedliche äußere Einflüsse geschützt werden. Verschiedenste Klarlacke und Firnisse, die projektorientiert auszuwählen sind und sich mit dem Airbrush auftragen lassen, bieten sich dafür an. Airbrush-Farben sind empfindlich gegen aggressive Lösemittel, aber auch gegen Alkohol, sodass nur Harze in Wasser oder Testbenzin gelöst als Versiegelung empfehlenswert sind.

Acrylfarben

2.3.3-01 **Der Begriff der „Acrylfarben" stand ursprünglich für pastose Künstler-Acrylfarben.** Auch Airbrush-Farben werden als solche bezeichnet, was leicht zu Verwechslungen zwischen leicht spritzbaren Airbrush-Farben und Künstler-Acrylfarben im traditionellen Sinn als Tubenfarbe führt. Die flüssige Airbrush-Farbe und die Tuben-Acrylfarbe haben beide (Rein-)Acrylate als Bindemittel, unterscheiden sich durch unterschiedliche Zusammensetzungen aber spürbar in ihrer Konsistenz. „Heavy Body" bezeichnet die pastoseste Form einer Künstler-Acrylfarbe.

Bei den „klassischen" Acrylfarben geht es um Acrylharz-Dispersionen. Das Besondere an einer Dispersion ist, dass das Bindemittel Acrylharz nicht in gelöster Form vorliegt, sondern in Form ganz kleiner Teilchen im Wasser gleichmäßig verteilt ist. Wenn sich das Wasser beim Trocknen der Farbe verflüchtigt, verschmelzen die Bindemittelteile miteinander zu einem einheitlichen Film, wobei die gleichmäßige Verteilung der Pigmente im entstehenden Film nicht beeinträchtigt wird.

Zum Spritzen von Tuben-Acrylfarben (Künstler-Acrylfarben) muss stark verdünnt werden, um überhaupt ein spritzbares Gemisch zu bekommen. Für feine Spritzarbeiten sind sie nur eingeschränkt geeignet. Bei Acrylfarben ist es wichtig, dass keine Farbe auf Vorrat verdünnt wird. Beim Stehen über einen längeren Zeitraum, der variieren kann, setzen sich die Pigmente nämlich ab und können dann nicht mehr aufgerührt werden.

Acrylfarben liefern widerstandsfähige, elastische und gut lichtresistente Farbaufträge. Solange die Farbe feucht ist, lässt sie sich mit Wasser abwaschen. Nach dem Trocknen kann sie nur noch mit Aceton oder Nitroverdünner entfernt werden. Die gängigen Acrylfarben sind in der Regel mit sehr lichtechten Farbmitteln pigmentiert und vielfältig einzusetzen. Es gibt aber Unterschiede in der Feinheit (Vermahlgrad), in der Spritzbarkeit, in der relativen Wasserempfindlichkeit unmittelbar nach der Trocknung und der Haftung. So geht etwa eine verlängerte Trocknungszeit (Offenzeit) meistens zu Lasten einer höheren Wasserempfindlichkeit und einer geringeren Haftfähigkeit der Farbe.

Eine Acrylfarbe muss sich mit Wasser leicht verdünnen lassen und in verdünntem Zustand eine befristete Zeit homogen bleiben. Sie ist durch ihre gute Elastizität und Haftung vielseitig auf unterschiedlichen Gründen einsetzbar. Sie ist als Grundierung für verschiedene Techniken geeignet, trocknet bei Pinselarbeiten in 20 bis 30 Minuten und beim Spritzen genauso schnell wie jede andere Farbe auf Wasserbasis. Für stark saugende Gründe sind Dispersionen besonders gut geeignet, weil die feinen Bindemittelpartikel nicht in die Poren eindringen, sondern auf der Oberfläche verbleiben und so das Binden der Pigmente gewährleisten.

Acrylfarben und Airbrush-Farben sind miteinander verträglich und in jedem beliebigen Verhältnis vermischbar. Solche Gemische bewähren sich bei Haftproblemen auf schwierigen Untergründen. Die Hafteigenschaften von Acrylfarben können durch Hinzufügen von Polyvinylalkohol-Lösungen verstärkt werden. Allerdings bleibt Polyvinylalkohol nach der Trocknung wasserlöslich und macht den Acrylfilm anfälliger gegen die Einwirkung von Wasser. Als weitere Problemlöser können wässrige Acrylharz-Lösungen oder Dispersionen in Form von Medium oder Malmittel der Acrylfarbe zugemischt werden.

Ölfarben

2.3.4-01 Die klassischen Künstler-Ölfarben sind nicht für die Verarbeitung im Airbrush konzipiert. Schon von ihrer Entstehungsgeschichte her sehr viel älter, wurden sie auch nicht dahingehend optimiert. Die Korngröße der Pigmente kann in den verschiedenen Farbtönen einer Ölfarbe schwanken, sodass zum Spritzen von Kobalt- und Erdpigmenten Düsen bis zu 0,8 mm Durchmesser eingesetzt werden müssten, um überhaupt zu irgendeiner Art von Spritzbild zu kommen.

Ob und inwieweit das Verdünnen und Aufrühren einer Ölfarbe aus der Tube zu einer gut spritzbaren Flüssigfarbe ansich gelingen kann, sei dahingestellt. Mit gut spritzbar ist gemeint, dass ein feines Spritzbild entsprechend den Funktionstests im Kapitel „Funktionstests und Spritzproben" möglich wäre. Die dafür infrage kommenden Lösemittel (Terpentinöl, Terpentinersatz) sind brennbar! Wenn sich also nur flächig grobe Farbaufträge realisieren lassen, empfehle ich, angesichts einer möglichen Beeinträchtigung der Gesundheit und der latenten Entzündungsgefahr, auf das Spritzen von Künstler-Ölfarben gänzlich zu verzichten, insbesondere dann, wenn dafür keine professionellen Schutzeinrichtungen vorhanden sind.

Chromgelb- und Chromgrüntöne sind bleihaltig, wenn der Hersteller die Bleichromatpigmente nicht durch organische Pigmente ersetzt hat. Kremserweiß ist ebenfalls bleihaltig. Es wird aber als klassisches Pigment und wegen seiner maltechnischen Eigenschaften in der Ölmalerei trotzdem nach wie vor eingesetzt. Das Pigment trocknet durch den Bleigehalt beschleunigt und reagiert mit den Ölen chemisch in einer Art, die auf die getrocknete Farbschicht verfestigend wirkt. Bleiweißhaltige Farbschichten sind demzufolge alterungsbeständiger und widerstandsfähiger als andere.

Bleihaltige Farben sind als „giftig" eingestuft und dürfen nicht in den menschlichen Organismus gelangen! Die Trocknung gespritzter Ölfarben dauert ein bis zwei Tage. Auch hier soll – ähnlich wie in der Ölmalerei – lange genug gewartet werden, bis ein Firnis auf die Farbe aufgebracht wird. Durch die größere Oberfläche der gespritzten Farbe und die in der Regel geringere Farbmenge erfolgt die Durchtrocknung relativ schnell – in vier bis acht Monaten. Der Richtwert in der Ölmalerei beträgt sechs bis zwölf Monate.

Wird Ölfarbe in mehreren, relativ dicken, geschlossenen Schichten gespritzt, muss – wie in der Ölmalerei – das Prinzip „fett auf mager" beachtet werden. Die Arbeit wird auf der jeweils getrockneten Schicht fortgesetzt. Das bedeutet, dass jede folgende Schicht zunehmend mehr Bindemittel (Öle) enthält als die darunterliegende.

Wird bei dieser Technik eine hohe Lichtbrechung oder „Tiefe" angestrebt, kann auf jede getrocknete Schicht ein Alkohol-Retuschierfirnis als Zwischenschicht aufgetragen werden. Dieser Firnis wird durch die nachfolgende Farbschicht nicht angelöst und bewahrt dadurch eine darunterliegende harzreiche Farbschicht vor dem Anlösen.

Wie bei allen Farben sind auch die im Handel befindlichen Sorten von Ölfarben – je nach Hersteller und Kategorie – unterschiedlich lichtecht.

Alkydfarben

2.3.5-01 Alkydharzfarbe lässt sich mit dem Pinsel wie eine Ölfarbe verarbeiten, besitzt aber eine kürzere Trockenzeit. Die Farbe ist – je nach Art des Bindemitteltyps – nur wenig gilbend und wird im getrockneten Film hoch widerstandsfähig. Sie kann mit Ölfarbe in jedem Verhältnis gemischt werden und ist mit denselben Lösemitteln, Malmitteln und Firnissen, die für Ölfarbe infrage kommen, normalerweise verträglich.

Für die Verarbeitung mit dem Airbrush gilt das bereits bei den Ölfarben Gesagte. Beim Spritzen von Alkydharzfarben ist die Kenntnis der toxikologischen Eigenschaften besonders wichtig. Sie können kritischere Lösemittel als Ölfarben enthalten. Deshalb müssen die Gefahrenhinweise des Herstellers unbedingt beachtet werden! (Ein als Künstler-Alkydharzfarbe bezeichnetes Produkt wird wahrscheinlich keine die Gesundheit gefährdende Lösemittel enthalten.)

Alkydharz ist ein Zwischending zwischen Polyester und trocknendem Öl und eine in sich einheitliche polymere Verbindung. Es trocknet physikalisch und gleichzeitig auch durch Sauerstoffaufnahme chemisch.

Alkydharze werden von der chemischen Industrie in einer großen Vielfalt von Varianten mit den unterschiedlichsten Eigenschaften für das breitgefächerte Lack- und Farbengebiet hergestellt. Nicht jeder Harztyp ist für eine Künstlerfarbe geeignet und wer Alkydharzfarben verarbeiten will, sollte auf die Verträglichkeit mit Ölfarbe und Hilfsmitteln achten.

Aquarellfarben

2.3.6-01 Die Farben werden in Farbnäpfchen oder als pastoses Material in Tuben gehandelt. Wie schon bei den vorangestellten Künstlerfarben gilt auch hier: Die klassischen Künstler-Aquarellfarben sind nicht für die Verarbeitung im Airbrush konzipiert – da schon von ihrer Entstehungsgeschichte her sehr viel älter – und auch nicht dahingehend optimiert. Die Stärke einer Aquarellfarbe liegt aber im hohen Feinheitsgrad der eingearbeiteten Pigmente, der Transparenz und der allgemein hohen Lichtechtheit der besten Farbsorten.

Die Sortimente enthalten häufig eine sehr große Zahl an Farbtönen. Die Hersteller machen normalerweise in ihren Prospekten Angaben zu den verwendeten Pigmenten sowie auch zur Lichtechtheit (herstellereigene Sternchensysteme) und zum Lasurverhalten der einzelnen Farbtöne. Bei der Herstellung von Aquarellfarbe werden möglichst transparente Pigmente mit schwach lichtbrechenden Füllstoffen verarbeitet.

Es bestehen auch innerhalb eines Sortiments deutliche Unterschiede zwischen den verschiedenen Farbtönen, weil jedes Pigment seinen eigenen Charakter hat, der sich natürlich nicht nur in der Farbgebung allein bemerkbar macht. Allgemein gültige Aussagen sind hier also nicht möglich.

2.3.6-02 Die Malerei mit Aquarellfarben war eine Leidenschaft von Charles L. Burdick, einem der Pioniere aktueller Airbrush-Konstruktionen mit Patenten aus den Jahren 1890 und 1892. In der Patentschrift aus dem Jahr 1892 findet sich die Berufsbezeichnung „artist". Die Möglichkeit, in einem Aquarell Lasuren über eine Untermalung zu legen, ohne diese wieder anzulösen, soll ihn fasziniert haben.

Dieser Farbtyp kann also für die Verarbeitung im Airbrush geeignet sein. Entscheidend ist auch hier, wie gut sich die jeweilige Farbe zum Spritzen aufrühren lässt und wie sich dabei die einzelnen Bestandteile der Farbe verhalten. Häufige Bindemittel sind Stoffe auf pflanzlicher Basis (hauptsächlich Gummiarabikum) und Dextrin. Der Bindemittelanteil ist verhältnismäßig hoch, damit bei der starken Verdünnung der Farbe beim Aquarellieren die fein verteilten Pigmente nicht ausflocken. Diese Funktion wird zum Teil auch durch das Netzmittel in der Farbe (Ochsengalle oder Sulfonate) übernommen, das gleichzeitig den guten Verlauf der Farbe beim Arbeiten mit dem Pinsel unterstützt.

Zudem ist eine gewissenhafte Konservierung der Aquarellfarben bei den großen Mengen organischer Bestandteile unerlässlich. Durch Zusätze von Sirup, Zucker und Glycerin werden sie geschmeidig und verbinden sich leichter mit Wasser. Trotzdem muss die Farbe nach dem Befeuchten im Näpfchen wieder trocknen, ohne dabei rissig zu werden.

N° 9764  A.D. 1892

Date of Application, 23rd May, 1892—Accepted, 2nd July, 1892

COMPLETE SPECIFICATION.

A Spraying Device for India Ink and other Paints.

I, CHARLES LAURENCE BURDICK, a citizen of the United States of America, residing at Chicago, in the County of Cook, State of Illinois, U.S.A., Artist, do hereby declare the nature of my invention for IMPROVEMENTS IN A SPRAYING DEVICE FOR INDIA INK AND OTHER PAINTS and in what manner the same is to be performed, to be particularly described and ascertained in and by the following statement:—

This invention relates to that class of implements by means of which artists are enabled to reduce india ink and other paints which are in a more or less fluid condition, to the form of spray in the act of applying the same to produce pictorial effects, and its object is to provide means for carrying a large quantity of paint in the implement for application thereby; means whereby small quantities of the same or different colors may be quickly substituted one for another in the same implement and the implement may be readily cleaned between changes to avoid tarnishing the tints, and means for controlling both the air pressure and the amount of paint delivered at any point whereby shading may be executed to produce the most delicate mezzotinto effects in one color or in all colors.

2.3.6-03 Geschmeidig bedeutet hier, dass die Aquarellfarbe aus der Tube mit dem Wasser des nassen Pinsels buchstäblich zerfließt. An der festen Näpfchenfarbe wird dieser Vorgang nicht direkt zu beobachten sein, es wird aber eine gute Farbabgabe verlangt. (Wichtig: Zum Aufbereiten einer spritzfähigen Farbe nur neue, mit Druckluft ausgeblasene und nicht zum Malen benutzte Pinsel verwenden, da die Gefahr einer Verunreinigung der Farbe sonst zu groß ist.) Die Farbe bleibt auch nach dem Trocknen auf dem Aquarellpapier wasserlöslich und kann auch nach dem Spritzen wieder angelöst und mit dem Pinsel verändert werden. Beim Aquarellieren entsteht kein Film. Hier wird die Bindemittellösung vom Papier aufgesaugt und die Pigmentteilchen bleiben, gleichmäßig verteilt, auf der Papieroberfläche hängen.

Künstlerfarben: Markennamen und Hersteller

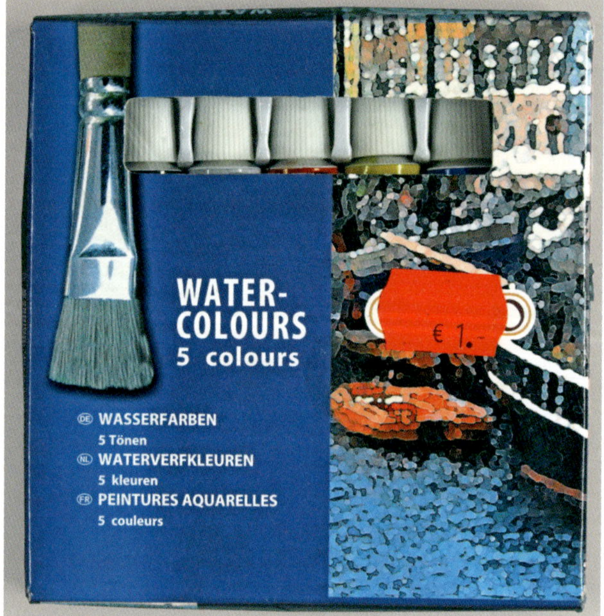

2.3.7-01 Wie schon beim Airbrush spielt die Qualität selbstverständlich auch bei der verarbeiteten Farbe eine immens wichtige Rolle. Von Billigprodukten, besonders bei nicht näher bekannter Herkunft, sei deshalb erneut abgeraten. Qualität hat auch hier schon von den Inhaltsstoffen und deren Verarbeitung her ihren Preis. Passende Farben und Farbsorten bei namhaften Anbietern zu suchen, ist sicher die verlässlichste Vorgehensweise auf dem Weg zu guten Ergebnissen.

Besonders hinsichtlich der Alterungsbeständigkeit wird sich der Anwender auf die Angaben der Hersteller verlassen, da eine wirklich stichhaltige Überprüfung dieser Angaben für den Kunden nicht ohne weiteres möglich ist. Das Ganze ist also Vertrauenssache. Die Angaben der einzelnen Anbieter basieren meist auf einem Sternchen-System, das vom Hersteller frei definiert sein kann und nur auf eine Vergleichbarkeit der Pigmentierung innerhalb der jeweiligen Sorte abzielt. Natürlich gibt es normierte Standards für (Künstler-)Farben und Hersteller, die sich auf diese direkt beziehen. Die von den Anbietern vergebenen Sterne sind jedoch nicht herstellerübergreifend gleichbedeutend.

Hersteller – Anbieter – Markenname	Ursprungsland	Airbrush-Farben Acrylic Ink	Acrylfarben	Ölfarben	Alkydfarben	Aquarellfarben	Pigmente
Createx	USA	x					x
Daler – Rowney	GB	x	x	x		x	
Golden	USA	x	x				
Kreul – Solo Goya	D		x	x			
Lascaux	CH		x				
Lefranc & Bourgeois	F		x	x		x	
Liquitex	USA	x	x				
Lukas	D	x	x	x		x	
Old Holland	NL		x	x		x	x
Royal Talens	NL		x	x		x	
Schmincke	D	x	x	x		x	x
Sennelier	F		x	x		x	x
Vallejo	E	x	x				
Winsor & Newton	GB		x	x	x	x	

2.3.7-02 **Wer noch nicht auf bestimmte Sortimente eingespielt und festgelegt ist, findet oben eine kleine Übersicht mit den Namen einiger bewährter Anbieter, von denen Farben in guter bis sehr guter Qualität zu erwarten sind.** Diese Liste versteht sich als erste Hilfe bei der Suche nach geeigneten Farben. Sie erhebt selbstverständlich keinen Anspruch auf Vollständigkeit, weder hinsichtlich der Anbieter noch der angebotenen Produkte. Auch eine Wertung ist nicht beabsichtigt, zumal die Farbsorten, die Farben und die Inhaltsstoffe ständiger Entwicklung unterliegen.

Bei vielen Projekten, bei denen der Airbrush eine wichtige Rolle spielt, kommen unterschiedliche Techniken und Farbsorten in verschiedensten Kombinationen zum Einsatz. Deshalb finden sich in dieser Übersicht auch Materialien, die nicht mit dem Airbrush zu verarbeiten sind, aber mit gespritzten Farbaufträgen kombiniert werden (Mischtechnik).

Modellbaufarben

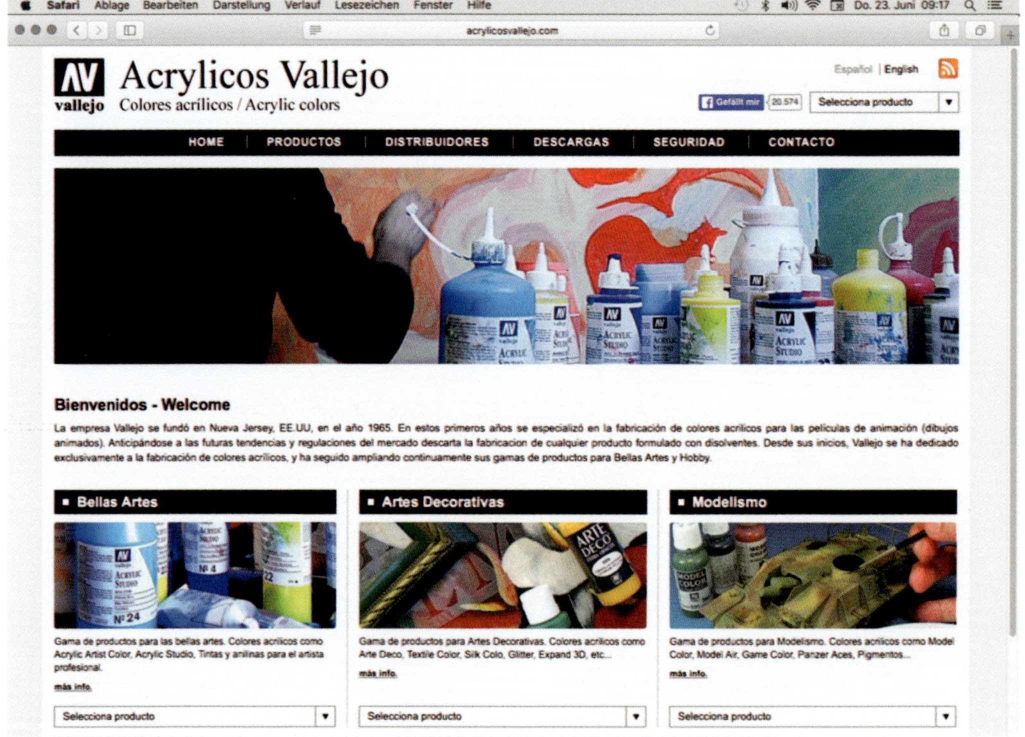

2.3.8-01 Auffällig ist, dass nur einer der international bekannten Hersteller von Künstlerfarben auch Modellbaufarben unter eigenem Namen anbietet. Diese Aussage bezieht sich auf die Auflistung 2.3.7-02 und ist schon deshalb bemerkenswert, als dass viele Modellbaufarben vom Prinzip her erst einmal in die gleichen „Farbfamilien" wie die Künstlerfarben gehören. Das, was bisher zum Thema Farbe gesagt wurde, hat also auch hier weitgehend Bestand.

Nicht gegeben ist indes die umfangreiche Mischbarkeit, wie wir sie etwa von den Künstlerölfarben der verschiedenen Hersteller untereinander gewohnt sind. Bei den Modellbaufarben lassen die Rezepturen der Farben dies meist nicht zu. Keine Schwierigkeiten gibt es jedoch, wenn unterschiedliche Farbsorten nach dem Durchtrocknen schichtweise übereinandergespritzt werden. Dabei ist es auch unerheblich, ob es sich wechselseitig um Öl- und Acrylfarben dreht und ob diese nur mit dem Airbrush oder mit dem Airbrush und dem Pinsel aufgetragen werden.

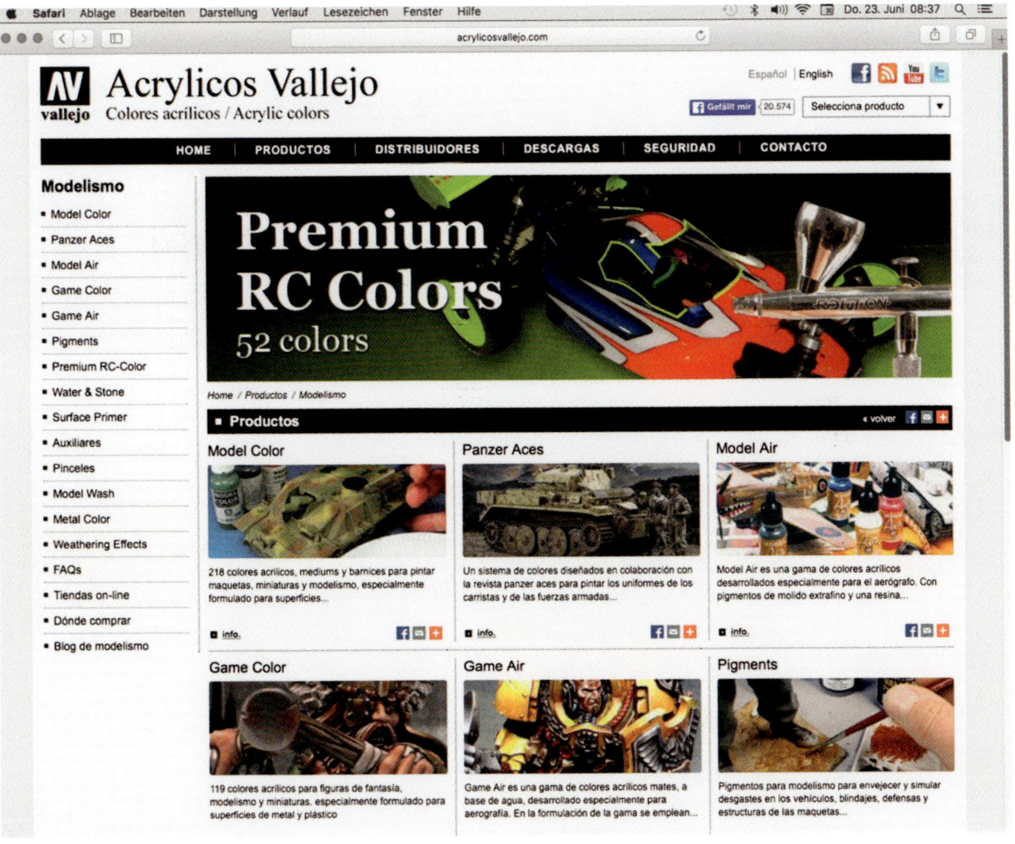

2.3.8-02 Bei den Modellbaufarben gelten andere Schwerpunkte. Der Screenshot gibt einen ersten Eindruck von den unterschiedlichen Modellbaubereichen, die alle eigene Anforderungen hinsichtlich der Farbschichtstärke, der Haft- und Grifffestigkeit sowie der Farbtonauswahl stellen. Sehr deutlich wird dies am Beispiel RC-Modellbau: Hier müssen brillante Farben sehr gut auf allen Oberflächen decken und haften, um mit einer hohen Kratz- und Stoßfestigkeit den äußeren Einflüssen gut standzuhalten. Generell gilt natürlich, dass für alle Funktionsmodelle, also auch für die Loks und Wagen der Modelleisenbahnen, und darüber hinaus für Figuren nebst Objekten von Tabletopspielen eine hohe Stoß- und Grifffestigkeit der Farbaufträge zwingend gewährleistet sein muss.

2.3.8-03 Ähnlich den Malmitteln für die Künstlerfarben gibt es auch zum Spritzen von Modellbaufarben eigene Zusätze. Mit ihrer Hilfe soll die Verarbeitung der Farbe im Airbrush den jeweiligen Erfordernissen angepasst werden können. Diese speziellen Verdünner, Trocknungsverzögerer und Fließmittel sind auf die Rezepturen der dazugehörenden Farbsorten abgestimmt und können beim Verwenden mit Farben anderer Hersteller unerwünschte Effekte haben oder die Farben verderben. Auf keinen Fall sollten Reinigungsmittel jeglicher Art als Farbzusatz verwendet werden, da sie das Bindemittel der Farbe angreifen und zerstören können.

Modellbaufarben: Markennamen und Hersteller

Hersteller – Anbieter – Markenname	Land	Wasserbasis	Lösungsmittelbasis	Pigmente
AK interactive	E	x	x	
Alclad	GB		x	
Ammo of MIG	E	x	x	x
Gunze Sangyo	J		x	
Humbrol	GB	x	x	x
LifeColor	I	x		x
MIG produktions	E		x	
Model Master	USA	x	x	
Pro-color	D	x		
Revell	D	x	x	
Tamiya	J		x	
Vallejo	E	x		x

2.3.9-01 Für alle, die mit dem Angebot an Modellbaufarben noch nicht so vertraut sind, gibt es hier eine Schnellübersicht. Auch diese Aufstellung weithin bekannter Namen erhebt keinen Anspruch auf Vollständigkeit und will nicht werten, sondern nur eine Erste Hilfe zum Einstieg oder für das Weitersuchen anbieten. Einige der genannten Farben sind unter dem Namen ihres Anbieters (z.B. Revell) oder unter ihrem Produktnamen (beispielsweise pro color) bekannt. Das Farbsortiment pro color ist zudem ein gutes Beispiel dafür, dass eine Airbrush-Farbe/acrylic ink eine hervorragende Modellbaufarbe abgeben kann.

Empfohlen sei in diesem Zusammenhang, erst einmal ein paar Farben eines Herstellers (Standardfarben deckend und transparent, Effektfarben) mit entsprechenden Hilfsmitteln selbst auszuprobieren (siehe 2.1-10 und folgende, ab Seite 114). Schon die Vorgehensweisen bei den eigenen Arbeitsabläufen können zu eigenen Vorlieben führen, die für andere vielleicht nicht so schnell nachvollziehbar sind. Bauberichte in den verschiedenen Modellbaukategorien zeigen dies immer wieder.

Aber sicher Sicherheit und Umwelt

Die Sicherheit am Arbeitsplatz ist auch für Airbrush-Anwender ein Thema. Unnötig große Farbnebel werden durch eine vernünftige Dosierung am Airbrush und durch einen möglichst niedrigen Spritzdruck vermieden. Wenn einmal wirklich großflächig gespritzt werden muss, dann nur mit einer geeigneten (Feinstaub-)maske, einer Filterabsaugung und bei geöffnetem Fenster arbeiten, am besten aber gleich in einer professionellen Lackierkabine.

Künstler- und Modellbaufarben sind – mit wenigen Ausnahmen – nicht als gesundheitsgefährdend kennzeichnungspflichtig. Die wenigen Farben, die gekennzeichnet werden müssen, enthalten Blei- und Bariumanteile oder bedenkliche Lösungsmittel, für die genau festgelegte und für die Kennzeichnung verbindliche Richtlinien durch den Gesetzgeber vorgeschrieben sind. Kennzeichnungspflichtig sind alle Handelsartikel, die akute oder chronische Erkrankungen oder Schäden verursachen können.

Durch historische Pigmente, die durchaus im Handel sein können, ist von Fall zu Fall auch mit Antimon oder Arsen in Farben (oder in pulverförmigen Pigmenten) zu rechnen. Airbrush- und Modellbaufarben sind normalerweise nicht gefährlich, aber beim Kauf von Farben sollte der Text auf den Etiketten genau beachtet werden.

In diesem Abschnitt sind nur einige der möglichen Gefahrenquellen genannt. Dabei wurde auf die elementarsten Gefahren hingewiesen. Im Buch werden gefährliche Chemikalien genannt, ohne dass jeweils immer direkt auf deren Gefährlichkeit hingewiesen wird. Es wird deshalb vorausgesetzt, dass in der Praxis nur mit solchen Stoffen umgegangen wird, deren Gefährlichkeit und die damit erforderlichen Sicherheitsmaßnahmen bekannt sind.

Gerade durch laufend neu erscheinende Produkte sollten besonders die Airbrush-Spezialisten die hygienischen Aspekte sorgfältig beachten. Auch bei nicht gekennzeichneten Farben muss grundsätzlich sauber und hygienisch einwandfrei gearbeitet werden. Gute Raumbelüftung ist wichtig. Essen, Rauchen und Trinken sind während der Arbeit zu vermeiden, regelmäßiges Händewaschen ist zu empfehlen.

2.4-01 Auch beim Umgang mit brennbaren Lösemitteln und lösemittelhaltigen Farben ist Vorsicht geboten. Neben den gesundheitsgefährdenden chlorierten Kohlenwasserstoffen sind alle Lösemittel mehr oder weniger leicht entflammbar und können – wenn größere Mengen in kurzer Zeit verdampfen – zusammen mit Luft in Form eines Explosivgemischs verpuffen.

Häufig werden die Hände mit Lösemitteln gesäubert, wenn Seife für bestimmte Stoffe nicht ausreicht. Auch das kann gesundheitsgefährdend sein! Da Lösemittel zudem die Haut entfetten, ist es immer ratsam, die Hände nach einer solchen Reinigung wieder einzufetten.

Mit Lösemittel getränkte Lappen für Reinigungszwecke müssen nach Gebrauch sofort in im Freien stehenden Abfallcontainern entsorgt werden. Das ist nicht nur wegen der sich entwickelnden Dämpfe erforderlich, sondern weil sich benzin- und ölgetränkte Lappen auch selbst entzünden können. Bei Leinöl ist es die Erhitzung durch die beschleunigte Sauerstoffaufnahme aus der Luft, die zur Entzündung führt.

Was beim Umgang mit dem Air Eraser zu beachten ist, ist auf den Seiten 79 bis 80 beschrieben.

Jeder, der Künstlerfarben und Lacke verarbeitet, kann seinen Teil zum Umweltschutz beitragen. Nicht nur schwermetallhaltige Farbabfälle und damit verschmutzte Lappen, sondern auch Lösemittelreste dürfen nicht in den Hausmüll oder die Kanalisation gelangen. Deshalb auf Termine der Gemeinden zur Sammlung von Sondermüll achten oder diesen an speziellen Annahmestellen abgeben.

Stichwortverzeichnis

Ein sauberes (!) schwarzes Tuch auf dem Arbeitstisch kann beim Reinigen und Instandsetzen helfen, alle Teile besser im Blick zu behalten.

A

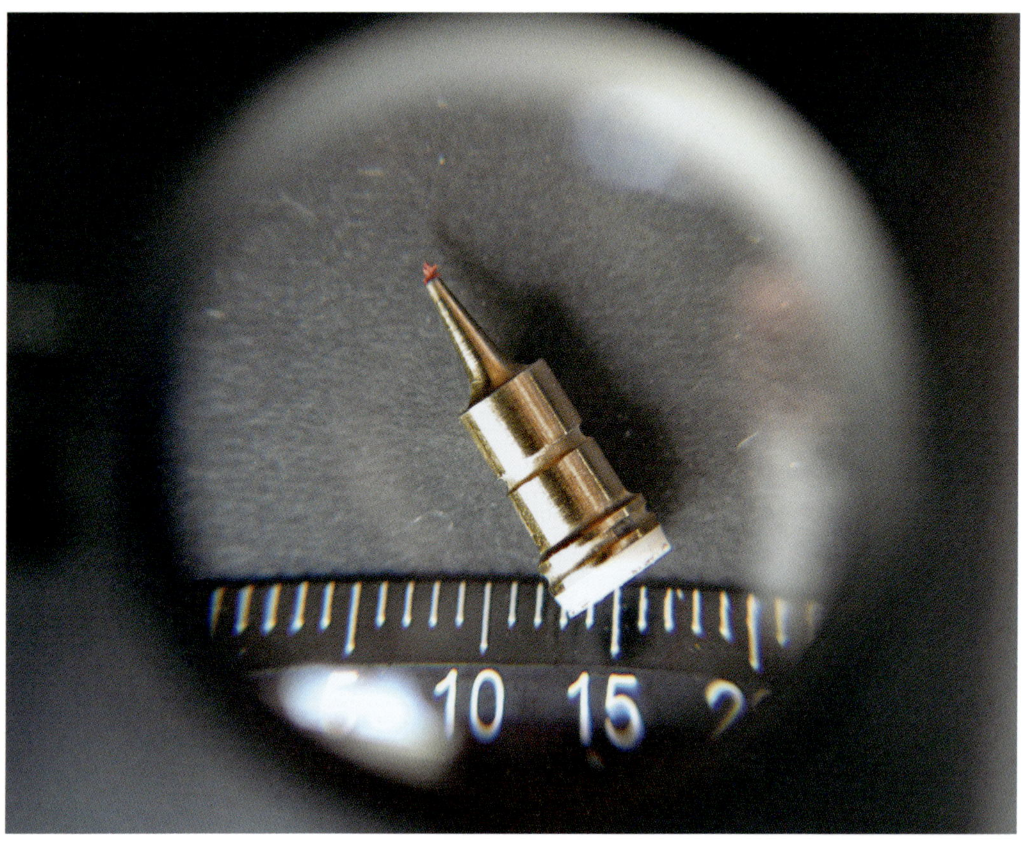

Der Blick durch ein Lupenglas, hier durch einen sogenannten „Fadenzähler", zeigt den Farbklumpen, der die Düsenöffnung des Airbrush verstopft.

S

T

V

W

Die hier aufgeführten Abbildungen sind nach Vorlagen aus dem Buch von Mathias Faber • Hugo Müller • (Kridon Panteli), *AIRBRUSH PERFEKT, Geräte • Farben • Anwendungstechniken*, 1. Auflage, Wiesbaden 1987,
10. Auflage München 2010 (4. Neubearbeitung), gefertigt und damals mit Unterstützung der nach der Bildnummer genannten Personen und Institutionen entstanden:

1.4.1-03, 1.4.1-04, 2.1-16
Dr. M. P. Escudier
Brown Boveri
Forschungszentrum
CH - 5405 Baden

2.3.1-03, 2.3.1-07, 2.3.1-08
Hoechst AG,
D-65926 Frankfurt/M.

2.3.1-06
Verband der Chemischen Industrie e.V.
Fonds der Chemischen Industrie,
D-60329 Frankfurt/M.

2.3.2-03
H. Schmincke & Co.
D-40699 Erkrath
Hoechst AG
D-65926 Frankfurt/M.

Die Grafik **1.4.1-24** wurde zur Verfügung gestellt von:
Harder & Steenbeck GmbH & Co. KG
D-22851 Norderstedt

Danksagung

An dieser Stelle möchte ich mich bedanken für die großartige Unterstützung, die mir bei der Arbeit an diesem Buchprojekt zuteil wurde.

Von Jens Matthießen habe ich all die technische Hilfestellung bekommen, die ich mir nur wünschen konnte. Kerstin Stoltenberg hat dafür gesorgt, dass ich den Rücken auch frei hatte zum Schreiben und Fotografieren.

Younes Bouchlouch war mit viel Freude bei der Sache, als wir uns den einen oder anderen kaputten Airbrush vornahmen. Angela Friedl durfte ich neue Textpassagen diktieren, sobald es etwas „ins Reine" zu schreiben gab. Kai Feindt hat das erarbeitete Material schlussendlich durchgesehen und sich als ein ebenso kompetenter wie behutsamer Lektor erwiesen.

Ganz herzlichen Dank an Euch alle, die Ihr zum Gelingen dieses Buches so viel beigetragen habt!

Mathias Faber

Mathias Faber beim Arbeiten mit einem historischen Airbrush (gekoppelte Doppelfunktion, Düse 0,3 mm)

Die Airbrushtechnik mit all ihren Finessen lernte Mathias Faber durch seine künstlerische Tätigkeit als Maler und Grafiker (BBK) kennen. Ein zusätzliches Plus an Fachwissen entstand aus seiner Mitarbeit bei der Weiterentwicklung von Künstlermaterialien (Farben und Spritzapparate/erste Patentanmeldung 1989) im Auftrag namhafter Hersteller.

Aufbauend auf seine Lehrtätigkeit im Bereich Grafik/Malerei/Airbrush veröffentlichte Faber bereits Ende der 1980er-Jahre die 1. Auflage des großen Nachschlagewerks „AIRBRUSH PERFEKT – Geräte, Farben, Anwendungstechniken für Künstler“. Mit dem Buch „Airbrush für Modellbauer, Farbe auf Stand- und Funktionsmodellen“ hat der Künstler ein weiteres Standardwerk für Hobby und Beruf geschrieben. Beide Bücher sind bis heute in über 20 Auflagen erschienen.

Fabers Freude an der Weitergabe seines Wissens und seiner Erfahrungen spiegelt sich auch in seinen Seminaren und seinen Veröffentlichungen für Modellbahner und Modellbauer wider.

Meine Notizen